全国农业职业技能培训教材

“为渔民服务”系列丛书

科技下乡技术用书

全国水产技术推广总站•组织编写

黄颡鱼“全雄1号”苗种繁育及高效健康养殖技术

刘汉勤　主编

海洋出版社

2016年 · 北京

内容简介

本书共六章，系统阐述了黄颡鱼“全雄1号”工厂化苗种繁育技术和池塘高效健康养殖技术。第一章概述了黄颡鱼生物学特性和黄颡鱼“全雄1号”的特点。第二章和第三章介绍了黄颡鱼“全雄1号”亲本培育、人工繁殖、夏花培育等苗种繁育技术，以及工厂化苗种繁育系统的布局设计、工艺流程、关键技术和应用效果。第四章和第五章详细地描述了黄颡鱼“全雄1号”池塘主养、池塘套养和网箱养殖三种养殖模式和鱼病防治方法。第六章列举了湖北、浙江、广西等养殖区域的黄颡鱼“全雄1号”养殖实例。

本书旨在促进黄颡鱼“全雄1号”苗种繁育技术及成鱼养殖技术的推广应用，可供从事水产行业的生产、管理、销售、科研和教学人员阅读参考。

图书在版编目（CIP）数据

黄颡鱼“全雄1号”苗种繁育及高效健康养殖技术/刘汉勤主编.
—北京：海洋出版社，2016.7
（为渔民服务系列丛书）
ISBN 978－7－5027－9548－1

Ⅰ.①黄…　Ⅱ.①刘…　Ⅲ.①鮠科－苗种培育②鮠科－淡水养殖
Ⅳ.①S965.128

中国版本图书馆CIP数据核字（2016）第175156号

责任编辑：朱莉萍　杨　明
责任印制：赵麟苏
海洋出版社　出版发行
http：//www.oceanpress.com.cn
北京市海淀区大慧寺路8号　邮编：100081
北京朝阳印刷厂有限责任公司印刷　　新华书店发行所经销
2016年9月第1版　2016年9月北京第1次印刷
开本：787mm×1092mm　1/16　印张：11.75
字数：155千字　定价：35.00元
发行部：62132549　邮购部：68038093　总编室：62114335

“为渔民服务”系列丛书编委会

《黄颡鱼“全雄1号”苗种繁育及高效健康养殖技术》编委会

主　　编： 刘汉勤

副 主 编： 陈福斌　龚珞军　王勋伟

编写人员： 刘汉勤　陈福斌　龚珞军　王勋伟
付国斌　陈延奎　裴圣州　陈丽慧
周园元　彭海洋　熊玉宇　杨兰松

前　言

黄颡鱼隶属于鲇形目、鲿科、黄颡鱼属，俗称戈牙、昂公、嘎鱼、嘎牙子、黄姑、黄蜡丁、黄鳍鱼等。广泛分布于我国除西部高原外的各天然水体中，是一种常见的底栖杂食性（以动物性饵料为主）鱼类。黄颡鱼具有营养价值高、味道鲜美、无肌间细刺、含肉率高和可作滋补药用等特点，深受广大消费者青睐，是我国“土著”的小型名优经济鱼类。

由于天然产量远远满足不了市场的需要，池塘养殖、网箱养殖、稻田养殖等多种养殖方式被用来养殖黄颡鱼，并取得了良好的效果，人工育苗技术的发展，尤其是国家水产新品种黄颡鱼“全雄1号”（品种登记号：GS－04－001－2010）的培育和推广，大大地促进了行业的进步。近年来，黄颡鱼国内市场稳定发展，同时远销韩国、日本等国（地区），价格一直高于国内、且不断攀升，成为又一出口创汇品种。作为一种重要的经济鱼类，黄颡鱼以其丰富的营养价值、优良的养殖生产性能和良好的市场状况，成为了极受养殖户欢迎的水产养殖种类。

根据黄钧等（2001）分析测定，黄颡鱼的含肉率变动在66.47%～68.41%，平均为67.53%，与鳜鱼（67.52%）、尼罗罗非鱼（67.18%）等名优鱼类相接近，属于含肉率较高的鱼类。黄颡鱼蛋白质含量为15.37%，氨基酸总量为14.19%，必需氨基酸含量为5.87%；黄颡鱼肌肉中必需氨基酸指数为73.34，高于鳜鱼之外的其他鱼类，且赖氨酸含量较高，超过鸡蛋蛋白质标准。同时，据医学史书记载，黄颡鱼具有消炎、镇痛等疗效。因此，黄颡鱼是一种营养丰富、价值高的优质鱼类。

黄颡鱼除了营养价值高之外，其经济价值也较高，其成鱼市场价格一般维持在30~40元/千克的水平，远高于鲫、团头鲂等常规家鱼10~20元/千克的市场价格水平，属于典型的中高档名优鱼类。

目前，黄颡鱼的养殖技术已经比较成熟，市场效益远高于其养殖成本。因此，养殖黄颡鱼经济效益显著。

通常，在普通黄颡鱼主养每亩①放规格苗6 000~8 000尾的情况下，成活率基本可达80%以上。华中地区一般养1年，尾均重可达50~75克，亩产400千克以上。按照塘头价每千克16~20元，亩产值超过8 000元，每亩获利3 000元。套养每亩放养500~1 000尾，可收商品黄颡鱼15~35千克。套养的黄颡鱼以吃残饵和底栖生物、浮游动物为主，不需专门投喂饵料，对于养殖户来说，可增加一笔额外的收入。

唐德文等（2014）做了黄颡鱼“全雄1号”与普通黄颡鱼饲养效果的养殖对比实验。结果显示，黄颡鱼“全雄1号”生产性能优于普通黄颡鱼，其饲料转化效率高于普通黄颡鱼，饵料系数比普通黄颡鱼低20%。具体经济效益情况如下：

① 亩为非法定单位，1亩≈666.667平方米。

每亩投放3～5厘米普通黄颡鱼的夏花苗6万尾和鲢、鳙（7∶3）鱼200尾，鱼苗价格约为6 000元。养殖160天，饲料、人工、池租、渔药及水电等花费约5 000元。每亩收获黄颡鱼鱼种约370千克，鲢、鳙200千克。普通黄颡鱼鱼种养殖成本为11 166元/亩，产值14 215元/亩，利润3 089元/亩，投入产出比为1∶1.27。

黄颡鱼“全雄1号”的鱼苗价格高于普通黄颡鱼，每亩投放黄颡鱼“全雄1号”3～5厘米的夏花苗6万尾和鲢、鳙（7∶3）鱼200尾，花费约9 000元。养殖160天，各类花费约5 500元。每亩收获黄颡鱼约510千克，鲢、鳙鱼200千克，折合人民币约21 581元。黄颡鱼“全雄1号”鱼种养殖成本14 533元/亩，产值21 581元/亩，利润7 048元/亩，投入产出比为1∶1.48。

可见，养殖黄颡鱼“全雄1号”每亩的利润比养殖普通黄颡鱼高出1倍以上，养殖黄颡鱼“全雄1号”的经济效益更加显著。

据《中国渔业统计年鉴》（2004—2013）统计。2003年我国黄颡鱼养殖产量5.4万吨，2012年达到26万吨，年平均增幅达20%左右，10年间累计增幅达4.8倍，2012年全国黄颡鱼养殖估计产值达92亿元。同时，湖北、广东、浙江、江苏、辽宁、山东和黑龙江等省以黄颡鱼作为优质水产品出口韩国、日本、东南亚地区及我国的港澳地区，国际需求量日益增长。一方面国内外市场黄颡鱼成鱼消费需求在逐年增长，客观的要求加大市场供应；另一方面，常见大宗家鱼的市场行情在波动中总体上保持低迷，养殖户普遍性的处于亏损边缘或只能维持微利状态，故而部分传统养殖区有将普通低价值家鱼品种更替为高价值的名优新品种的需求。黄颡鱼作为名优中高档鱼类之一，因其养殖技术要求不高，对环境也有很强的适应性，养殖效益比较可观，是市场上备受青睐的替代品种之一。

据交易市场统计，目前全国年交易量约30万吨，苗种需求104亿尾左右。随着黄颡鱼养殖规模快速增长，全国黄颡鱼苗种年需求不断上升，随着黄颡鱼成鱼养殖技术的日趋成熟以及各地高产典型的不断出现，黄颡鱼的养殖业将得到迅猛发展，各地对黄颡鱼苗种的需求量连年增加，预计3~5年内需求量约200亿~300亿尾，种苗市场前景广阔。

但近年来，由于工业污染、生态环境恶化和人为过渡捕捞，自然资源严重衰竭，天然捕捞产量大大下降。普通黄颡鱼鱼苗开始规模化人工繁殖已经有十余年历史，在人工繁殖中亲本损耗率较大，淘汰周期较短。目前绝大多数亲本来源多为人工养殖的商品鱼，存在比较明显的近亲繁殖问题，导致种苗质量下降、成活率低、淘汰率高。所以黄颡鱼养殖产业中出现了"低龄、低质、低产量"的三低状况，优质苗种的缺乏已成为目前黄颡鱼产业快速发展的"瓶颈"。

2010年，由水利部中国科学院水工程生态研究所、中国科学院水生生物研究所和武汉百瑞生物技术有限公司科研人员根据黄颡鱼雄性比雌性生长速度快1~2倍的特点，培育出的黄颡鱼"全雄1号"通过国家水产原种和良种审定委员会的审定，成为国家认可的水产养殖新品种。黄颡鱼"全雄1号"的"育繁推"一体化，为广大养殖户提供了优质的种苗并带来了良好的社会经济效益，受到业界的高度认可。2011—2015年，黄颡鱼"全雄1号"累计产销量已超过20亿尾，种苗市场覆盖了华中、华东、华南以及华北各传统养殖区域，市场发展前景持续看好。

该项目的完成，凝聚了黄颡鱼“全雄1号”新品种培育和养殖推广单位科技人员的心血，在此表示衷心感谢。由于编者水平有限，书中出现的问题和不妥之处，敬请广大读者提出宝贵建议，以便在今后的工作中改进完善。

编著者

2016年6月

目　　录

第一章
概　　述

第一节　黄颡鱼生物学特性

一、分类与分布

黄颡鱼（图 1.1）隶属鲶形目，鲿科，黄颡鱼属。黄颡鱼属种类较多，有黄颡鱼、长须黄颡鱼（图 1.2）（亦称岔尾黄颡鱼）、瓦氏黄颡鱼（图 1.3）（亦称江黄颡鱼）、盎塘黄颡鱼、中间黄颡鱼、细黄颡鱼和光泽黄颡鱼（亦称尖嘴黄颡鱼）等。黄颡鱼与其他几种黄颡鱼的主要区别是，其他几种黄颡鱼（除长须黄颡鱼外）胸鳍鳍棘外缘光滑，内缘有锯齿，而黄颡鱼和长须黄颡鱼胸鳍鳍棘内外缘均有锯齿，但长须黄颡鱼体色青黄，须长且鼻须呈黑色。另外，光泽黄颡鱼、瓦氏黄颡鱼和细黄颡鱼的鳍棘均有毒，人被刺后，伤处红肿、并感到剧痛，而黄颡鱼的鳍棘基本无毒。

黄颡鱼在我国的分布较广，是我国重要的小型底栖淡水经济鱼类，除西南、西北和少数地区外，广泛分布于长江、黄河、珠江及黑龙江各水域，具有相当的天然产量。在亚洲地区的东部和南部，如朝鲜、日本和印度的一些地区也有分布，各干流水域的湖泊、河流和水库均能形成自然种群。但目前由于捕捞过度和水质污染等原因，资源呈下降趋势。

图 1.1　黄颡鱼

图 1.2　长须黄颡鱼

图 1.3　瓦氏黄颡鱼

二、形态学特征

黄颡鱼体长，头大且扁平，头顶和枕骨裸露且粗糙，背部隆起，腹部较平，体后半部侧扁，全身无鳞。吻部圆钝，眼较小，位于头的前部上位，口较大，位于头部下位，有须 4 对，鼻须长达眼部后缘，且有颌须 2 对，一般上颌须比较长，能够达到胸鳍基部之后。上下颌具有级毛状的锯齿。

背鳍具有发达的硬刺，背鳍硬刺短于胸鳍硬刺，后缘有锯齿，背鳍前端距小于背鳍后端距，背鳍条 II，6－7；臀鳍条 19－23；腹鳍条 6－7；鳃耙 14－16；脊椎骨 36－38。胸鳍短小，有硬刺，且前后缘均为锯齿，前缘有 30～45 枚细锯齿，后缘有 9～17 枚粗锯齿。胸鳍略呈扇形，末端接近腹鳍。腹鳍比臀鳍短，末端游离，起点约与臀鳍相对；尾鳍深叉形。

黄颡鱼背部为黑褐色至青黄色，多数具有断续的褐色斑纹，鳍呈灰黑色，略带黄色，尾鳍上还有黑色条斑。身体两侧呈黄色，腹部呈白色或淡黄色。个体间的体色随栖息环境而有差异。

三、生活习性

黄颡鱼多生活在水库、湖泊、河流中，营底栖生活，比较喜欢栖息在腐殖质和淤泥丰富的浅滩，对环境有着较强的适应能力，在我国南、北方地区都可以很好地生长。黄颡鱼属温水性鱼类，其生存水温为 0～38℃，摄食水温为 5～36.5℃，生长水温为 18～34℃，最佳生长水温为 22～28℃。黄颡鱼在水体温度达到 39℃时会有不适反应，主要表现为鱼体失去平衡，头部朝上、尾部向下，呼吸由加快到减弱，活动无方向性且呆滞；水体温度在 40℃以上时，黄颡鱼上下冲动，然后伏在池塘底部不动，呼吸停止而死亡。高温致死的黄颡鱼鱼体肌肉立即变硬，并且无法救活，而低温致死的鱼则无此现象。当水温为 0℃时，黄颡鱼开始有不适反应，主要表现为游动缓慢，伏在池底很少活动，呼吸较弱；-1℃时就开始停止呼吸，处于冬眠状态。将结入冰中12～14小时以内的黄颡鱼取出，在自然温度条件下将冰融化，该鱼仍能复苏，并且可以正常生长。黄颡鱼对pH值的适应范围为6.0～9.0；最适pH值为7.0～8.4。

黄颡鱼喜集群、怯光，可在弱光条件下活动。白天喜栖息于水体底层，夜间游到水体上层觅食，对生态环境条件的适应能力较强。在人工养殖的条件下，白天也能主动摄食颗粒饲料，对低氧环境也有较强的适应力。当水体中的溶氧高于3毫克/升时，其生长正常；当水体中的溶氧低于2毫克/升时就会出现浮头；而低于1毫克/升时，黄颡鱼会因缺氧而窒息死亡。在水温为28～29℃时其平均耗氧率为0.141毫克/小时，窒息点为0.314毫克/升。秋末冬初，常在运输车上垫一层水草后，再装放黄颡鱼，上面再盖一层水草并保持湿度，运输3～4个小时，还可全部存活。黄颡鱼喜欢生活于江河水流缓慢、多乱石或卵石的环境中。秋冬季低温多在水深的河流、湖穴、岩洞、石缝中越冬，活动范围较小，不易捕捞。仲春开始离开越冬场所，至附近的乱石浅滩、近岸活动摄食。白天主要在水较深的乱石或卵石间栖息活动，夜间游至浅水域的乱石间觅食，黎明时常可见慌忙寻找隐蔽石洞、缝穴的黄颡鱼。

四、食性

大多数学者（肖调义等，2003；章晓炜等，2002）认为，黄颡鱼的食性为温和肉食性鱼类，也有研究者（付佩胜等，2003；刘景祯等，2000）认为其属于杂食性。但实际观察发现，大体上黄颡鱼以动物性饵料为主，在不同的生长阶段，食性也有显著差异。在自然条件下，孵化出膜3～5天的仔鱼以自身的卵黄为营养，属内营养型。待仔鱼的卵黄吸收完毕后开始摄食外界食物，转变为外营养型。幼鱼以轮虫、枝角类和桡足类等浮游动物为主要食物，成鱼阶段主要摄食各种小型鱼类、小型虾类、其他鱼类的卵和幼鱼以及水蚯蚓等池塘底栖动物。人工养殖时，可投喂经绞碎处理的鱼肉、蚌肉或动物下脚料等动物性饵料，也可投喂人工配合饲料。

黄颡鱼的胃类似“U”形，伸缩磨碎能力较强，饱食后胃的体积可膨胀到平时体积的 2 倍。黄颡鱼的胃液 pH 值为 3.8 ~ 4.6，肠液 pH 值为 6.5 ~ 8.5，胃液的酸性较强，有利于对食物的酸化及胃蛋白酶对食物的液化作用。对池塘、网箱、水泥池及水族箱中饲养的黄颡鱼的胃内含物进行检查，其摄食强度可分为 5 级：0 级为肠内没有或有少量的食物，1 级为胃内含物占胃体积的 1/4，2 级为胃内含物占胃体积的 1/2，3 级为胃内含物占胃体积的 3/4，4 级为胃内含物充满整个胃，5 级为胃内含物饱满，整个胃呈膨胀状态。黄颡鱼在冬季和初春季时，胃肠的充塞度处于最低为 1 级，春夏之交和秋季时充塞度处于 3 ~ 5 级。黄颡鱼摄食强度的变化与水温的高低、池塘中天然饵料的丰富度以及饵料投喂量关系密切。

五、生长

黄颡鱼生长速度较慢，属广布性小型经济鱼类，常见个体体重多在 70 ~ 200 克。天然水域中，黄颡鱼 1 龄鱼可长到 25 ~ 50 克，2^+ 龄鱼则可长到50 ~ 150 克，3^+ 龄的黄颡鱼平均体重为 150 ~ 250 克。而在人工饲养的情况下，1 龄鱼即可长到 100 ~ 150 克，完全可达到上市商品鱼规格。

六、生殖习性

在自然环境条件下，湖北以南的雌黄颡鱼的性成熟年龄为 2 龄，而雄鱼需要在 3 龄及以上才能达到性成熟；在北方则需要 3 ~ 4 龄才能达到性成熟。黄颡鱼在南方的产卵期为 4 月下旬至 7 月上旬；北方的产卵期较晚，一般要到 6 月下旬才开始。在人工养殖条件下，黄颡鱼性成熟的年龄可大大缩短，当年养成的商品规格鱼可基本达到性成熟。同时，在人工繁育中发现，在经过人工催情产卵后的雌鱼再进行强化培育1个月左右，又可进行第二次产卵，其怀卵量较前次并无明显减少的趋势。

黄颡鱼在未达到性成熟之前，从外部形态观察，雌鱼与雄鱼无显著差异，不易区别。但达到性成熟的亲鱼较易区别，一般成熟雄鱼个体大于雌鱼个体，在臀鳍前面与肛门后面之间有一个突出的0.5～0.8厘米的长生殖突，尖长明显可见，泄殖孔在生殖突的顶端；雌鱼体型较短粗，腹部膨大而柔软，没有生殖突，生殖孔与泌尿孔分开，生殖孔圆而红肿。在天然水域中，雌雄比例一般为1∶1.5以上，雄鱼要多于雌鱼。

黄颡鱼的绝对怀卵量随着雌鱼体长的增加而增加，而相对怀卵量则在达到一定体长范围后有明显地减少趋向。据杜金瑞（1963）对梁子湖黄颡鱼的研究报告，黄颡鱼在自然环境条件下产卵的鱼卵数量多数为1 300～1 800粒，最少的仅为758粒，最多的有2 194粒。另有研究人员（蔡焰值等，2002）对黄颡鱼繁殖时产出的鱼卵数量进行统计，体重范围在100～150克的黄颡鱼，绝对怀卵量为1 850～6 895粒。黄颡鱼属于分批产卵型鱼类，因此在卵巢中卵粒直径大小不同，卵粒直径小者为0.6～1.0毫米，大者为1.86～2.26毫米。黄颡鱼的卵呈淡黄色、扁圆形状，属沉性卵，并且卵膜的透明性和黏性比较强。

黄颡鱼繁殖季节的水温范围为21～30℃，最佳水温为23～28℃，长江中下游的繁殖期为每年的5月至7月中旬。天然水域中，亲鱼的交配产卵受水温、气候条件等因素影响较为明显，一般在5月上、中旬，天气由晴转阴产生降雨时即可发现黄颡鱼大量产卵，产卵时间通常在夜间的20：00时至次日清晨4：00时进行。黄颡鱼的繁殖场所一般选择在自然水体中水质清新的静水区，水深为20～60厘米，有茂盛的水生维管束植物生长，底部为泥底或凹形地段，外部环境安静及没有风浪的地方。

黄颡鱼有筑巢的习性。在生殖季节，雄鱼游至自然水体沿岸地带水生维管束植物茂密的浅水区域中的淤泥黏土处（20～60厘米），利用胸鳍在泥底上断断续续地转动，掘成一个小小的泥坑，即为黄颡鱼的鱼巢。鱼巢的形态有圆形和椭圆形，直径在16～37厘米，鱼巢的深度为9～15厘米，底质为半硬质淤泥或黑色软泥。鱼巢内壁光滑或有水生高等维管束植物的须根，在鱼巢的附近有水生高等维管束植物生长，以蒿草和马来眼子菜最多，其次是苦菜、菱、轮叶黑藻等。筑巢完毕后，雄鱼即留在巢内，等候雌鱼到来。在适宜的时期雌鱼进入鱼巢，与雄鱼追逐，雌鱼先将卵粒产出，雄鱼随即产精，如此反复多次才完成交配过程。雌鱼产出的卵为黏沉性块状卵，附着在鱼巢内不被水流冲走。雄鱼的精巢呈花瓣状，在人工授精时很难挤出精液。

雌鱼产完卵后即离开鱼巢觅食，雄鱼则留在鱼巢里或鱼巢的附近守护着发育的受精卵和刚孵化出膜的仔鱼，直至仔鱼能离巢自由游动时为止。雄鱼的护巢行为可保护受精卵正常孵化，还能防止敌害生物的侵扰，此外，雄鱼的活动也可起到清洁鱼巢的作用。在人工催情、自然产卵的情况下，完成一次受精后守巢的雄鱼常会“开小差”，寻求第二条，甚至第三条雌鱼到鱼巢中进行产卵受精，因此雄性亲本可比雌性亲本数量略少些。黄颡鱼适宜的繁殖水温为20～28℃，受精卵在水温为25℃左右时大约需要60～80小时方能孵出仔鱼。

第二节　黄颡鱼“全雄1号”的培育及特点

一、黄颡鱼“全雄1号”的培育

在相同的养殖条件下，黄颡鱼雄性比雌性生长快1～2倍（图1.4）。生产上如果养殖全雄性黄颡鱼，必将大幅度提高产量和经济效益。水利部中国科学院水工程生态研究所、中科院水生生物研究所和武汉百瑞生物技术有限公司合作，采用细胞工程和分子标记辅助育种技术培育 YY 超雄黄颡鱼，再由超雄鱼与普通雌鱼交配，生产全雄黄颡鱼（黄颡鱼"全雄 1 号"）为国际上第 2 例利用超雄鱼实现规模化繁育全雄鱼的报道。桂建芳院士实验室研究人员采用 AFLP 分子标记技术筛选出黄颡鱼性别连锁特异 DNA 标记，建立了黄颡鱼性别 PCR 快速鉴定技术，显著提高育种效率，成为全雄黄颡鱼苗种生产关键检测技术（D. Wang et al.，2009）。"全雄性黄颡鱼的研究"这一成果经湖北省科技厅组织专家鉴定，"总体上达到国际先进水平，关键指标达到国际领先水平"，获得 3 项国家发明专利。

图 1.4　黄颡鱼雌雄对比

黄颡鱼"全雄 1 号"（图 1.5）于 2010 年 12 月通过全国水产原种和良种审定委员会新品种审定，品种登记号为 GS－04－001－2010（图 1.6）。黄颡鱼"全雄 1 号"具有雄性率高、生长快、饲料系数低、规格整齐、种源可控等特点，比普通黄颡鱼增产约 35%，具有良好的市场应用前景。可在国内各地淡水水域养殖，适合于池塘养殖、网箱养殖、稻田养殖、工厂化养殖等多种养殖模式。近几年苗种已在湖北、广东、浙江、江苏、湖南、安徽、广西、江西、山东、河南、河北、山东、云南、福建、贵州、天津等16个省（市、区）主要养殖地区推广，养殖面积达30多万亩，取得了很好的养殖效果，受到广大养殖户的欢迎。

图1.5 黄颡鱼“全雄1号”

水产新品种 （2011）新品种证字第13号

证书

新品种名称 黄颡鱼“全雄1号” 品种登记号：GS-04-001-2010

培育单位 水利部/中国科学院水工程生态研究所
中国科学院水生生物研究所
武汉百瑞生物技术有限公司

该品种业经审定，根据农业部《水产原、良种审定办法》，特发此证。

二○一一年四月 日

图1.6 新品种证书

二、黄颡鱼"全雄 1 号"的种质检测

黄颡鱼"全雄 1 号"生物学特征与普通黄颡鱼雄鱼相似。2009 年，农业部淡水鱼类种质监督检验测试中心受托分别从生物学性状、生化遗传性状、细胞遗传性状三个方面对黄颡鱼"全雄 1 号"作了种质鉴定，结果符合 SC 1070 – 2004《黄颡鱼》标准。

1. 黄颡鱼"全雄 1 号"的形态特征

黄颡鱼"全雄 1 号"为雄性，体长，头大且扁平，头顶和枕骨裸露且粗糙，背部隆起，腹部较平，体后半部侧扁，全身无鳞。吻部圆钝，眼较小，位于头的前部上位，口较大，位于头部下位，有须 4 对，鼻须长达眼部后缘，且有颌须 2 对，一般上颌须比较长，能够达到胸鳍基部之后。上下颌具有级毛状的锯齿。

背鳍具有发达的硬刺，背鳍硬刺短于胸鳍硬刺，后缘有锯齿，背鳍前端距小于背鳍后端距，背鳍条 II，6 – 7；臀鳍条 19 – 23；腹鳍条 6 – 7；鳃耙 14 – 16；脊椎骨 36 – 38。胸鳍短小，有硬刺，且前后缘均为锯齿，前缘有 30 ~ 45 枚细锯齿，后缘 9 ~ 17 枚粗锯齿。胸鳍略呈扇形，末端接近腹鳍。腹鳍比臀鳍短，末端游离，起点约与臀鳍相对。尾鳍深叉形。

黄颡鱼"全雄 1 号"体背部为黑褐色至青黄色，多数具有断续的褐色斑纹，鳍呈灰黑色，略带黄色，尾鳍上还有黑色条斑。身体两侧呈黄色，腹部呈白色或淡黄色。个体间的体色随栖息环境而有差异。

2. 黄颡鱼"全雄 1 号"的染色体核型

采用注射秋水仙素方法，取黄颡鱼"全雄 1 号"肾脏直接进行染色制片，研究其染色体核型。结果表明，黄颡鱼"全雄 1 号"体细胞的染色体数为 2n = 52，核型公式为 24m + 14sm + 14st. t，其臂数 NF = 90（图 1. 7）。

图 1.7　黄颡鱼“全雄 1 号”染色体核型图

不同水域黄颡鱼的核型组成有所不同。沈俊宝等（1983）和薛淑群等（2006）分别报道，黑龙江流域黄颡鱼的核型为 2n = 28m + 12sm + 12st、2n = 28m + 10sm + 8st + 6t；而凌俊秀（1982）和洪云汉等（1984）研究的湖北地区黄颡鱼核型是 2n = 22m + 24sm/st + 6t、2n = 24m + 14sm + 10st + 4t；肖秀兰等（2002）和毛慧玲等（2012）报道鄱阳湖流域黄颡鱼的核型为 2n = 22m + 12sm + 14st + 4t、2n = 20m + 14sm + 14st + 4t。而黄颡鱼“全雄 1 号”核型公式为 2n = 24m + 14sm + 14st. t，这与洪云汉等（1984）研究结果一致，而与其他水域的报道均有明显的差异。这表明，黄颡鱼的染色体核型存在着地区性差异，究其原因，可能是不同水域环境以及长期的地理隔离和遗传等因素导致了各地黄颡鱼染色体多态现象的出现。

三、黄颡鱼“全雄 1 号”的优良特性

1. 雄性率高

黄颡鱼“全雄 1 号”为国际上第 2 例利用超雄鱼实现规模化繁育全雄鱼的案例，且雄性率首次达到 100%，而国际上首例超雄罗非鱼规模化繁育的子代的雄性率只能达到 95.6%。

随机抽样 2008—2012 年生产的黄颡鱼“全雄 1 号”苗种，经分子标记技

术测定和性腺解剖观察，苗种雄性率高于99%，实验室试验雄性率均为100%（表1.1；图1.8和图1.9）。

表1.1　历年YY超雄黄颡鱼繁育全雄黄颡鱼抽样数据统计表（Hanqin Liu et al.，2012）

年份	抽检数量	雄性率（%）	
		分子检测	性腺观察
2008	210	100.0	100.0
2009（1）	81	100.0	100.0
2009（2）	51	100.0	100.0
2009（3）	84	100.0	100.0
2009（4）	50	100.0	100.0
2009（5）	186	100.0	100.0
2009（6）	93	100.0	100.0
2009（7）	45	100.0	100.0
2009（8）	42	100.0	100.0
2009（9）	59	100.0	100.0
2009（10）	43	100.0	100.0
2009（11）	83	100.0	100.0
2010（1）	40	100.0	100.0
2010（2）	38	100.0	100.0
2010（3）	44	100.0	100.0
2010（4）	47	100.0	100.0
2010（5）	47	100.0	100.0
2011	98	100.0	100.0
2012	98	100.0	100.0

2. 生长速度快

黄颡鱼"全雄1号"生长速度快，群体平均产量比普通黄颡鱼提高30%

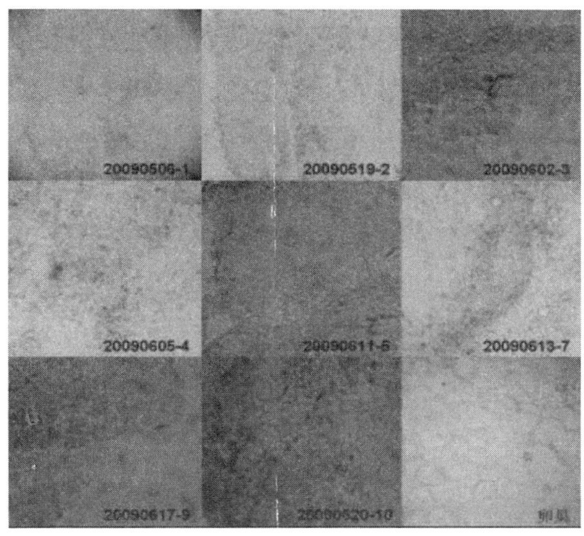

图 1.8　2009 年全雄黄颡鱼规模化繁殖性腺抽样检测结果

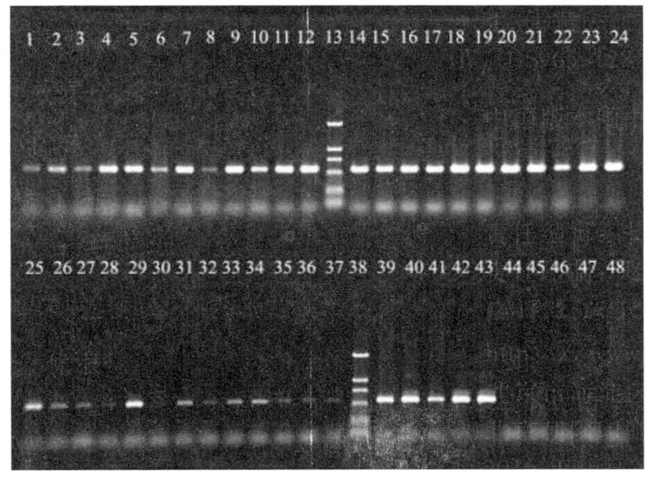

图 1.9　雄性特异 SCAR 标记在全雄黄颡鱼苗种性别鉴定中的应用

（注：13 和 38，DL2000；1－12、14－24 和 25－37，黄颡鱼“全雄 1 号”；39－43，超雄黄颡鱼亲本；44－48，普通雌鱼亲本）

以上。

采取剪黄颡鱼左胸鳍刺和右胸鳍刺做标记区分实验组和对照组，开展同池对比试验，从而排除了很多外在因素对实验数据的干扰，如温度、溶氧、pH 值和氨氮等理化因子及投喂方式等。通过 2009—2010 年多种养殖模式（水泥池、网箱和池塘养殖）的养殖试验（图 1.10），鱼种养殖阶段全雄黄颡鱼绝对增重率比普通黄颡鱼提高 19.0% ~59.52%，成鱼养殖阶段黄颡鱼"全雄 1 号"绝对增重率比普通黄颡鱼提高 33.6% ~56.8%（表 1.2 和表 1.3）。鱼种和成鱼其体重增加的差异经方差分析，$P<0.05$，两者之间均存在显著性差异，显示了全雄黄颡鱼生长的优势。

表 1.2　鱼种养殖对比结果

试验点	试验鱼				对照鱼				试验鱼生长速度比对照鱼提高百分比
	初重（克）	末重（克）	饲养期（天）	绝对增重率（克/天）	初重（克）	末重（克）	饲养期（天）	绝对增重率（克/天）	
荆州大明	0.05	21.17	140	0.15	0.05	13.29	140	0.09	59.52%
贵阳索风营	0.39	19.63	161	0.12	0.37	16.56	161	0.10	19.0%
监利新沟	0.02	23.44	74	0.32	0.02	16.6	74	0.22	41.3%
长阳隔河岩水库	0.5	5.11	72	0.06	0.45	3.77	72	0.05	38.9%

表 1.3　成鱼养殖对比结果

试验点	类别	初重（克）	末重（克）	饲养期（天）	绝对增重率（克/天）	试验鱼生长速度比对照鱼提高百分比
毛市	试验鱼	11.12	80.83	138	0.51	33.6%
	对照鱼	10.98	62.82	138	0.38	
大垸农场	试验鱼	11.12	75	120	0.53	56.8%
	对照鱼	10.98	51.72	120	0.34	

湖北 荆州

贵州 乌江

湖北监利-新沟

湖北 清江

图 1.10　黄颡鱼“全雄 1 号”和普通黄颡鱼养殖对比试验

3. 规格整齐

普通黄颡鱼体重差异系数为 0.67，全雄黄颡鱼体重差异系数为 0.49，全雄黄颡鱼比普通黄颡鱼规格更整齐（图 1.11）。

图 1.11　黄颡鱼“全雄 1 号”夏花

4. 饵料系数低

唐德文等（2013）在武汉市黄陂区国庆水产专业合作社四口试验鱼池进行了黄颡鱼“全雄 1 号”和普通黄颡鱼鱼种培育对比试验，结果显示，1、2 号池培育黄颡鱼“全雄 1 号”鱼种饵料系数是 1.1 和 1.15，3、4 号池培育普通黄颡鱼饵料系数为 1.49 和 1.46，前者比后者低 20%，表明“全雄 1 号”生产性能优于普通黄颡鱼，其饲料转化效率高于普通黄颡鱼。

5. 养殖适应性强

黄颡鱼“全雄 1 号”可在国内各地养殖，适合于池塘养殖、网箱养殖、稻田养殖、工厂化养殖等多种养殖模式。近几年养殖已推广到湖北、广东、浙江、江苏、湖南、安徽、广西、江西、山东、河南、河北、山东、云南、福建、贵州、天津等国内十多个省（市、区）主产区，养殖面积 30 多万亩，取得了很好的养殖效果，受到广大养殖户的欢迎。

6. 种源可控

黄颡鱼“全雄 1 号”只能由 YY 超雄黄颡鱼繁育得到，而黄颡鱼人工繁殖时必须杀雄鱼剖腹取精巢，超雄鱼不能自行繁育扩群，种源在技术上可控，即超雄黄颡鱼控制在制种单位。在生产过程中，一方面制种单位能够控制全雄鱼的数量和质量，为养殖户提供品质优良稳定可靠的全雄黄颡鱼，避免了受当前水产苗种市场混乱的影响，保证了制种单位和养殖户的各自利益；另一方面，制种单位可将获得的收益投入科研，又进一步促进开发品质更加优良的新品种，进而实现全雄黄颡鱼的可持续发展。

第二章 黄颡鱼“全雄1号”鱼苗人工繁殖

第一节 黄颡鱼“全雄1号”鱼苗繁殖方法

黄颡鱼在中国分布较广，从黑龙江到珠江水系都有分布。由于消费市场的需要，国内开展了黄颡鱼的人工繁殖与养殖。在自然条件下，黄颡鱼为多次产卵类型，卵具有沉性，黏性较强。黄颡鱼“全雄1号”繁殖方式与普通黄颡鱼一样，繁殖的水温为21～30℃，适宜水温为22～28℃，以长江中下游为例，繁殖期为每年的5月至7月中旬。为了满足人工养殖对黄颡鱼苗种的大量需求，通过收集黄颡鱼亲鱼，并在池塘或网箱中培育成熟，人工创造条件使黄颡鱼集中产卵繁殖。在人工条件下，黄颡鱼的繁殖方法有三种，即自然繁殖法、半人工繁殖法和人工繁殖法，本章节重点介绍人工繁殖法。

1. 自然繁殖法

自然繁殖法是利用黄颡鱼的自然生理特性，人工诱导其生殖群体交配产卵并获得受精卵的方法。在黄颡鱼的繁殖期，水温达到21℃以上时，全部清除干净黄颡鱼亲鱼（雌雄混养）培育池的水草与杂物，在培育池中设置人工鱼巢（用棕片作人工鱼巢），保持自然水流或人工加注新水，诱导黄颡鱼发情产卵。黄颡鱼的产卵时间通常在夜间22：00时至次日清晨4：00时，当发生降雨时黄颡鱼会大量产卵。每天上午检查人工鱼巢，将黏附有黄颡鱼卵的人工鱼巢及时移出，减少鱼卵被小杂鱼吞食造成的损失。把移出的人工鱼巢放入孵化池中孵化。

2. 半人工繁殖法

半人工繁殖法是给成熟的黄颡鱼亲鱼注射一定剂量的催产药物，让其在产卵池自行交配产卵获得受精卵的方法。在繁殖季节，选择成熟的黄颡鱼亲鱼（♀:♂为1:1.2～1.5），对雌鱼采用二次注射催产药物，雄鱼一次注射催产药物。在产卵池底铺设消过毒的棕片（也可用聚乙烯胶丝、密眼网布等）作人工鱼巢。将注射了催产药物的亲鱼放入其中，保持微流水刺激，促进亲鱼集中交配产卵。达到效应时间后，产卵池中出现雄鱼追逐雌鱼、沿着池边快速游动，在水面形成浪花。发情高潮时，雌雄自由配对，雌鱼下潜至池底，在人工鱼巢上产卵，雄鱼同步向鱼卵上射精；雌鱼产卵后要静止一段时间然后再产卵；雌鱼不断产卵，雄鱼不断向鱼卵射精。如此反复，直至产完卵为止。产卵期间要保持周围环境相对安静，防止亲鱼受到惊吓而停止产卵。产卵结束后，将人工鱼巢移入孵化池孵化。

3. 人工繁殖法

人工繁殖法是将黄颡鱼亲鱼的挑选、催产、产卵、受精、孵化等过程完全置于人工控制与操作环境下进行。人工繁殖因孵化方式的不同而分为两种：人工鱼巢孵化和孵化环道（或孵化桶）孵化。

（1）人工鱼巢孵化技术

对成熟的黄颡鱼亲鱼注射一定剂量的催产药物，在达到效应时间后，从催产池中捞出雌鱼，放入装鱼筐内置于采卵台上，挤压雌鱼腹部将鱼卵产于集卵钵中；从催产池中捞出雄鱼，置于受精台上，剪开雄鱼腹部取出精巢；除去精巢上附着的脂肪、血液等，剪碎精巢，放入研钵（或匀浆器）内研磨成白浆状，加入适量的精子保存液，搅拌均匀成精子液，低温保存；将集卵钵的鱼卵收到集卵盆中，称取一定量的鱼卵准备受精；将精子液倒入准备好鱼卵的受精盆中，均匀搅拌10秒，再加入受精激活水继续搅拌2～3分钟，使精卵充分结合而受精；把受精卵均匀撒在人工鱼巢上，将人工鱼巢在浓度3%～5%的福尔马林溶液中浸泡消毒1～2分钟，然后放入孵化池中孵化（图2.1）。

图2.1　人工鱼巢

（2）孵化环道（或孵化桶）孵化技术

人工授精过程同人工鱼巢孵化技术。在完成人工授精后将受精卵静置片刻，弃去污水，倒入黄泥浆水中（水：黄泥浆体积比为3:1），采用手工或自动脱黏装置脱黏；脱黏动作必须轻而缓，以受精卵能翻动与黄泥浆水充分接触为度；脱黏3～4分钟后，受精卵黏性消失；把脱黏后的受精卵和泥浆水一起倒入60目水花抄网中，置于洗卵盆（桶）内反复清洗，直到受精卵干净变亮，把洗净的受精卵放入孵化环道（或孵化桶）（图2.2）中孵化。

图2.2 孵化桶

第二节 黄颡鱼"全雄1号"的亲本培育

一、亲鱼的来源

用作繁殖的雌雄黄颡鱼称为亲鱼。在生产黄颡鱼"全雄1号"鱼苗时，雄性亲鱼为超雄黄颡鱼。雌性亲鱼的来源通常是两个方面：一是从江河、湖泊、水库等水体捕捞的野生黄颡鱼，可以避免近亲繁殖，有利于黄颡鱼良种的选育，但难以满足黄颡鱼苗种大规模生产对亲鱼数量的需要；二是池塘、网箱人工养殖的已达性成熟的黄颡鱼，人工饲养的黄颡鱼体质好、数量大，可以满足黄颡鱼苗种大规模生产对亲鱼数量的需要，但要禁止用近亲繁殖的雌鱼作亲鱼。

亲鱼的收集时间以秋末冬初和次年春季为宜。

1. 超雄黄颡鱼

超雄黄颡鱼是采用雌核发育结合激素性逆转技术，将黄颡鱼XY雄鱼性逆转成XY生理雌鱼，XY生理雌鱼雌核发育产生YY超雄黄颡鱼，再经过筛选培育而成。

超雄黄颡鱼外形：体长，体后半部稍侧扁。头大且扁平。吻圆钝，口裂大，下位，上颌稍长于下颌，上、下颌均具有绒毛状细齿。眼小，侧位，眼间稍隆起。须4对，鼻须达眼后缘，上颌须最长，伸达胸鳍基部之后，颐须2对，外侧1对较内侧1对长。背鳍不分支，鳍条为硬刺，后缘有锯齿，背鳍起点至吻端距离小于至尾鳍基部的距离。胸鳍硬刺发达，末端近腹鳍，前、后缘均有锯齿，前缘30～45枚细锯齿，后缘0～17枚粗锯齿。脂鳍较臀鳍短，末端游离，起点与臀鳍相对。尾鳍深分叉。体背部黑褐色，体侧黄色，并有三块断续的褐色条纹，腹部淡黄色，各鳍灰黑色。臀鳍前、泄殖孔后有一个雄性生殖乳突。

超雄鱼允许用于黄颡鱼“全雄1号”苗种生产的最小年龄为2龄，最小体重为150克，最小体长16厘米。

2. 雌鱼

黄颡鱼雌性亲鱼外形：体长，体后半部稍侧扁。头大且扁平。吻圆钝，口裂大，下位，上颌稍长于下颌，上、下颌均具有绒毛状细齿。眼小，侧位，眼间距稍隆起。须4对，鼻须达眼后缘，上颌须最长，伸达胸鳍基部之后，颐须2对，外侧1对较内侧1对长。背鳍不分支，鳍条为硬刺，后缘有锯齿，背鳍起点至吻端距离小于至尾鳍基部的距离。胸鳍硬刺发达，前、后均具有锯齿，前缘30～45枚细锯齿，后缘9～17枚粗锯齿，胸鳍末端近腹鳍。腹鳍较臀鳍短，末端游离，起点与臀鳍相对。尾鳍深叉形。体背部褐色，体侧黄色，并有三块断续的黑色条纹，腹部淡黄色，各鳍灰黑色。肛门后、臀鳍前无生殖孔突。腹部丰满圆润，富有弹性，将腹部朝上可看到明显的卵巢轮廓。生殖孔圆形，呈红色。

雌鱼允许用于黄颡鱼"全雄 1 号"苗种生产的最小年龄为 2 龄，最大允许使用年限为 5 龄，允许最小体重为 50 克/尾。

二、亲鱼的运输

1. 亲鱼暂养

亲鱼暂养是运输的前提。捕捞或采购的黄颡鱼亲鱼，要经过网箱暂养 1～2 天。亲鱼进入暂养环境前，用高锰酸钾溶液进行浸洗消毒，防止发生传染病。暂养场地要求环境无污染、水质洁净、安全。暂养期间要保持微流水和增氧；要勤观察亲鱼的活动与反应，发现问题及时解决；要保持环境安静，减少亲鱼活动，避免过多消耗体能；要经常用小抄网捞出网箱中的过多黏液和污物；要防止敌害生物靠近和破坏。当亲鱼体内的代谢废物排泄干净后，即可装载运输。

2. 运输时间

亲鱼的运输时间为秋末冬初或次年春季，水温在 10～15℃。

3. 运输方法

黄颡鱼亲鱼的运输，可根据路程的远近与便利和亲鱼的规格与数量，选择不同的运输方式。

（1）活鱼车运输

活鱼车是一种运送活体水产品的集装箱运输车，其结构为封闭组合式，外观是一个大铁皮箱。箱内装满清洁的水，安装了立体式充气管。外置的增氧设备通过这些充气管向水箱内水体充气，从而保证水体中溶氧充足。用活鱼车运输亲鱼的密度一般在200千克/米^{3}以下，每次运输时间不超过24小时。

（2）活水船运输

活水船运输是利用渔船甲板下的活水舱装载亲鱼进行运输。活水舱内水体与外界水体相通，水体时刻处于交换中，水质好，溶氧充足，亲鱼装在舱内就相当于暂养在湖泊或河道。采用活水船运输亲鱼时，密度要适中，避免相互刺伤或浮头。运输后的亲鱼体质较好，成活率高。活水船运输适合于在江河、湖泊、水库收集亲鱼时使用。

（3）帆布箱运输

在运输车辆上绑扎好帆布箱，装入箱体一半的水（水质要清洁），配备氧气瓶与增氧设备，通过管道给帆布箱内水体增氧。为防止运输途中出现意外，必须配备换水设备。装载亲鱼后帆布箱内水位不能过高，防止运输中由于颠簸或车速不稳，亲鱼随水荡出箱外。运输密度一般不超过150千克/米^3。

（4）氧气袋运输

当亲鱼数量少时，可采用氧气袋运输。方法是：用剪刀剪断亲鱼背鳍、胸鳍硬刺刺尖，装入盛水的氧气袋，充氧，将氧气袋放进泡沫箱并包装好，再将泡沫箱放入纸箱，包装好纸箱即可运输。此法便捷、安全，可以陆运或空运，也可随身携带。

三、亲鱼培育的方式及条件

1. 亲鱼培育的方式

目前，黄颡鱼亲鱼培育的方式主要有两种：池塘培育和网箱培育。随着技术的进步，也有单位开始采用循环水培育黄颡鱼亲鱼。

2. 池塘条件

为了有利于黄颡鱼亲鱼的生长、发育和饲养管理，在选择亲鱼培育池时，应选择靠近催产池、环境安静、交通便利、水质良好的池塘，要求池塘保水、进排水方便、池底平坦、硬底质或淤泥层浅。

亲鱼培育池应为长方形（长：宽为3:2），面积一般为2～3亩，水深保持在2米以上。亲鱼培育池面积不宜过大，面积大则放养亲鱼多，亲鱼多则拉网次数多，这样会导致亲鱼性腺退化、过熟或流产。

3. 网箱的设置

网箱上口、下底为正方形，边长4～5米，高2.5米。每口网箱面积16～25平方米，体积40～62.5立方米。网箱由无结节聚乙烯网片制成，网目为10毫米。

网箱在池塘中设置，要求池塘面积8～10亩，水深2米以上。网箱的设置密度为1亩水面设置4口网箱。网箱在池塘中为水下2米，水上0.5米。

网箱在池塘中分两排设置，网箱排距10米，箱距5米。网箱离开池埂边12米。设置网箱时，在池塘的两端各打下4根木桩，把钢丝绳固定在木桩上，从一端拉到另一端，形成4条挂网箱的钢丝绳，每2条钢丝绳组成1排。每排两根钢丝绳的间距等于或略大于网箱的边长。钢丝绳高出水面0.5米。在网箱之间，把木桩插入池底作支撑钢丝绳用，插好木桩后，将钢丝绳固定在木桩上。木桩长3.5米。网箱箱体水下4个角各悬挂2块砖头，固定箱体在水中不漂动。

网箱在入池张挂前要用高锰酸钾溶液浸泡消毒。网箱张挂后在池水中浸泡10～15天，使箱体有附着物方能放入黄颡鱼亲鱼，防止亲鱼与箱体接触而擦伤体表。

4. 清塘消毒

黄颡鱼亲鱼培育池每年必须清塘1次，清除池塘底部的部分淤泥，杀死野杂鱼、敌害生物和病原体，改良水质。在亲鱼下池前7天，要对亲鱼培育池进行 1 次全池消毒。清塘消毒较常用的药物有生石灰、漂白粉。

（1）生石灰清塘

生石灰清塘的方法有两种，即干法清塘和带水清塘。

①干法清塘法：先将池中的水排干，或留有水 6～9 厘米深，然后施用生石灰清塘。清塘时，每亩用生石灰 50～60 千克，具体用量视池底淤泥的多少作增减。操作时，先在池底挖若干个小坑，把生石灰放入小坑内乳化，不待生石灰水冷却，立即均匀地泼洒。第二天再用长柄泥耙耙动底泥，以充分发挥生石灰的消毒作用。

②带水清塘法：池塘留水 1 米，每亩施用生石灰 130～150 千克。操作时，先将生石灰放入木桶（或船舱）中乳化，乳化后立即全池泼洒。

用生石灰清塘后，一般经过 7～8 天药力消失。

（2）漂白粉清塘

底质碱性大的鱼池，应选用漂白粉清塘。鱼用漂白粉清塘时，在使用前应检测计算漂白粉中的有效氯含量。一般漂白粉含有效氯为 30%，清塘用量按 20 毫克/升浓度计算。操作方法是：在船舱中将漂白粉加水溶化后，立即用木瓢（或塑料瓢）全池泼洒，然后划船搅动池水，使药物在水中均匀分布，充分发挥药效。用漂白粉清塘后，一般 4～5 天药效可完全消失。

5. 渔业机械配置

渔业机械是现代水产养殖业所必备的。黄颡鱼亲鱼培育应配置的主要有排水、增氧、运输、饲料加工、投饵等方面的机械。

（1）排水机械

排水机械常用的是潜水泵，功率 3～4 千瓦/台。每口培育池配 1 台潜水泵，在亲鱼入池前安装好，其作用一是防大雨天漫池，二是在水质变浊时排出部分池水后再加注新水。

（2）增氧机械

增氧机械的使用有两种情况，一种是在池塘培育亲鱼时使用叶轮式增氧机，功率为1.5千瓦/台，每3～4亩水面配1台；另一种是在网箱培育亲鱼时使用水车式增氧机和旋涡式风机，功率均为2.2千瓦/台，每4～5亩水面配水车式增氧机1台，每50口网箱配旋涡式风机1台。在网箱培育亲鱼时，水车式增氧机和旋涡式风机都要装备，二者不可缺一。

（3）运输机械

配备三轮摩托运输车1辆，在转运亲鱼时带水充氧运输，可以减少亲鱼的损伤与死亡。

（4）饲料加工机械

主要是加工沉性饲料的饲料搅拌机和加工鱼（肉）糜的绞肉机，机械功率大小根据所养亲鱼的多少而定。

（5）投饵机

1口亲鱼培育池安装1台投饵机，投饵机安装在食场附近。

6. 饲料

饲料是培育黄颡鱼亲鱼的重要物质。黄颡鱼在亲鱼培育阶段，由于性腺发育的需要，对营养的要求较高，而黄颡鱼是杂食性鱼类，食性广，既摄食天然饵料也摄食人工饲料。

（1）天然饵料

黄颡鱼的天然饵料有小虾、小鱼、螺蛳、水蚯蚓、摇蚊幼虫、蜉蝣目稚虫、鞘翅目幼虫等。通过在亲鱼培育池施用一定量的有机肥料培育天然饵料生物，作为对亲鱼营养（特别是活性物质）需求的补充。

（2）新鲜鱼肉、动物内脏

新鲜鱼肉、动物内脏的营养成分和天然饵料的营养成分相差无几，含有丰富的蛋白质、脂肪、矿物质以及维生素，是优质的亲鱼饲料。经过绞肉机加工成鱼（肉）糜，可以直接投喂也可以拌和饲料投喂。

（3）颗粒饲料

黄颡鱼专用颗粒饲料是人工配合商品饲料，要求含蛋白质38%～40%。

（4）沉性饲料

沉性饲料由甲鱼（鳗鱼、长吻鮠）粉状饲料、鱼（肉）糜、复合维生素（还可以加入药物）按一定比例均匀混合，加入适量的水，经过饲料搅拌机搅拌而成，现做现喂。

四、亲鱼的放养

1. 放养时间

黄颡鱼亲鱼的放养时间一般在秋末冬初和次年春季。

2. 鱼体消毒

黄颡鱼亲鱼在放养前用20毫克/升浓度的高锰酸钾溶液浸泡消毒10～15分钟。黄颡鱼为无鳞鱼，在浸泡消毒过程中应密切注意鱼的活动反应情况，灵活掌握浸泡消毒时间。消毒完毕，将亲鱼直接放入准备好的培育池中。

3. 放养数量

黄颡鱼亲鱼培育采用主养的方法，亲鱼的放养密度要适度，应根据放养池塘面积的大小作适当调整。放养密度过高，亲鱼随着体重的增加，在培育后期会增大水体的负载量，进而影响到亲鱼的性腺发育；另外，黄颡鱼有集群抢食的特点，放养密度过高，有些体小体弱的亲鱼会因抢食难而影响其生长发育。而放养密度过低，则池塘的利用率不高造成水体浪费。

（1）池塘培育亲鱼的放养数量

池塘放养黄颡鱼亲鱼的密度为150～200千克/亩。

（2）网箱培育亲鱼的放养密度

网箱放养黄颡鱼亲鱼的密度为5千克/米^2。

（3）混养鱼类

在放养黄颡鱼亲鱼之后，每亩水面混养规格为100～200克/尾的花鲢15～20尾、白鲢80～85尾，规格为50克/尾的团头鲂50尾，规格为50克/尾的鲴类100尾，规格为100克/尾的鲌类50尾。亲鱼培育池不要混养鲤、鲫等杂食性鱼类，防止与黄颡鱼亲鱼争夺食物和栖息空间。

五、饲养管理

黄颡鱼亲鱼的培育是一项常年而细致的工作。在日常管理中，要勤观察，发现问题及时分析、及时解决，掌握规律，科学进行饲养管理。

1. 投喂饲料

（1）饲料的选择

根据黄颡鱼亲鱼不同的培育阶段，可选择黄颡鱼专用颗粒饲料（含蛋白38%～40%）或沉性饲料，也可直接投喂鱼（肉）糜。沉性饲料由甲鱼（鳗鱼、长吻鮠）粉状饲料、鱼（肉）糜、复合维生素按比例配合加工而成，现做现喂。

（2）驯食

对新进池的黄颡鱼亲鱼要进行驯食。放养3天后开始，一般驯食5天左右。前2天投喂鱼（肉）糜，后3天投喂沉性饲料。驯食期间，开始投喂量少，以后根据亲鱼摄食情况逐渐增加。每次投喂饲料2小时后都要检查食台，观察亲鱼摄食情况。

（3）投饲的方式

投饲要坚持“四定”原则：即定时、定位、定质、定量。

①定时：经过驯食后的黄颡鱼亲鱼，每天投喂2次，投喂时间为上午的

8：00—9：00时和下午的17：00—18：00时。

②定位：饲料要投喂在食场附近或食台上。

③定质：投喂的饲料一要新鲜（不要腐败、霉变的），二要保证蛋白质含量。

④定量：饲料的日投喂量要根据黄颡鱼亲鱼的活动与摄食、天气、水温、用药等情况来确定。水温在10℃以上时即可投饲，饲料的日投喂量占亲鱼体重的1%；水温在15～20℃时，日投喂量占亲鱼体重的2%；水温在20～35℃时，日投喂占亲鱼体重的3%～5%。

在日投喂量中，上午占30%，下午占70%。

2. 施肥

在投喂人工饲料的同时，采取适度施用有机肥料的方法肥水，培育天然饵料生物供亲鱼摄食，补充人工饲料中所缺乏的营养成分（特别是活性物质），使之满足黄颡鱼的生活要求。

3. 强化培育

对催产前的黄颡鱼亲鱼要保证强化培育1个月以上。强化培育采取的是综合性措施。

（1）加强营养

强化培育期间主要投喂沉性饲料，一天投喂两次，每次投足，让亲鱼充分吃饱；人工配合饲料蛋白含量达到42%以上，脂肪含量7%。

（2）流水刺激

每天下午开动增氧机2小时，搅动池水使之产生循环；每隔2～3天充注新水1次，每次充水50～80分钟，加入水量10～20厘米深；有条件的可以采用微流水。

（3）减少干扰

强化培育期间，培育池环境要相对安静，特别要避免强噪音对亲鱼的干扰；不要在亲鱼培育池拉网、干池，不要移动网箱或网箱中的亲鱼；尽量减少全池泼洒药物的次数。

4. 日常管理

（1）巡塘

巡塘是最基本的日常管理工作，要求每天早、中、晚巡塘 3 次。清晨巡塘主要观察鱼的活动情况，因清晨水中溶氧量是一天中最低的，亲鱼容易缺氧浮头，严重缺氧时泛塘死亡。午间和傍晚可结合投喂饲料，检查鱼的活动与摄食情况一起进行。夏季高温期，特别是天气闷热、气压低时，还要在半夜巡塘，发现问题及时开启增氧机、加注新水。

每次巡塘后要做好记录，建立日记台账制度，记录内容包括鱼的活动、投饲、用药、施肥、天气、水质、水温、疾病与死亡、增氧机使用、加水换水等情况。

（2）水质管理

黄颡鱼亲鱼培育的关键在于对水质的管理。良好的水质会对亲鱼的生长与发育起到积极的作用，若水质突然恶化通常会造成不可挽回的损失。

①水质监测：每天测量水温 3 次。定期对 pH 值、溶氧（DO）、氨态氮（NH_4^+-N）、亚硝酸盐（NO_2^--N）等进行测定。培育池水要求 pH 值保持在 6.5~8.5，溶氧保持在 3.5 毫克/升以上，氨态氮低于 0.5 毫克/升，亚硝酸盐低于 0.1 毫克/升。需要注意的是，黄颡鱼是较典型的底栖鱼类，一般都在池底活动，即使溶氧不足时，也不像家鱼、小杂鱼那样有明显的浮头现象。所以在天气闷热、水温高、水色过浓时，要每天清晨测定溶氧 1 次，发现溶氧量低时及时采取增氧措施。

②注水：亲鱼培育池透明度应保持在 25 厘米以上。当亲鱼培育池水色过

浓，透明度低于25厘米时，应换水。夏、秋季水温高，水质变化快，要勤换水。水交换量视水温、水色、溶解氧和放养密度而定。水源充足的，最好采用微流水，以保持水质清新。

③调控pH值：pH值过低会影响黄颡鱼亲鱼的代谢活动和生长发育。发现水质偏酸，及时使用生石灰加以调节。当池水深1米以上时，每次生石灰用量为12～15千克/亩。

④使用增氧机：当溶氧低于3毫克/升时开启增氧机增氧。夏、秋季每天下午和凌晨开启增氧机各2小时。若发现黄颡鱼亲鱼混养鱼类或小杂鱼浮头时，要立即开启增氧机。

⑤调节水质：在亲鱼强化培育期和夏、秋季，每隔15天使用1次微生物制剂调节水质。

(3) 除草去污

经常清除池边杂草，随时捞出水中污物、饲料残渣、病死鱼等。病死鱼不能乱丢，要在远离培育池的地方挖坑掩埋。

(4) 清洗食台（场）

投饲期间，每5～7天清洗食台（场）1次，并用漂白粉溶液对食台（场）进行消毒。

(5) 检查网箱

在网箱内投饲时，每天上午要检查一遍网箱，看是否有因水老鼠进网箱偷食饲料而咬破的洞，若有则及时补好，防止亲鱼外逃。

(6) 积极预防鱼病

发现鱼病，及时治疗。

(7) 检查生长发育情况

每月抽样检查亲鱼的生长发育情况，针对性地调整饲养措施。

（8）加强值班照管

防逃、防盗、防敌害。

六、亲鱼的捕捞

池塘养殖黄颡鱼亲鱼捕捞一般是拉网捕捞和干塘捕捞相结合，网箱养殖黄颡鱼亲本直接提网捕捞（图2.3）。

图2.3　网箱养殖亲本捕捞

1. 拉网捕捞

由于黄颡鱼属底栖性鱼类，且性情较为温和，因此拉网的起捕率较高。采用网目规格适宜的拉网，在饲养池中来回拉2～3次，即可拉起池中80%以上的黄颡鱼（图2.4）。

2. 干塘捕捞

干塘捕捞的方法较为简单，只需将养殖池中的水排干即可。在排干池水时，如果是采用涵管排水，应注意检查涵管的防逃设施，以防止因为拦鱼栅破损而发生逃鱼。如果是采用泵抽水进行排水，则最好用网片将泵稍作包裹，

图 2.4　亲本拉网

以防止黄颡鱼进入泵中。饲养池中的水剩下约 0.1～0.2 米后，即可下塘捕捞黄颡鱼（图 2.5）。捕捉时，最好不用手，而应用抄网捕捉，以防手被黄颡鱼的硬刺扎伤。饲养池中大部分的黄颡鱼被捕捞起来后，即可完全排干池水，捕起剩余的黄颡鱼。

第三节　黄颡鱼“全雄 1 号”人工繁殖技术

一、亲鱼的选择

1. 亲鱼的挑选

黄颡鱼“全雄 1 号”人工繁殖用的亲鱼全部来自人工培育（图 2.6）。繁殖时，将亲鱼拉网集中，挑选体质健壮、体色光亮、游泳活泼、无病无伤的个体；雌鱼体重 50 克以上，腹部膨大、饱满、柔软、卵巢轮廓明显且有弹

图 2.5　干塘捕鱼

性，生殖孔变圆且微肿胀，无突起，性腺发育至Ⅳ期以上，卵巢呈淡黄色或橘黄色，肉眼可见较大的卵粒，卵粒整齐，相互粘连并不游离（图 2.7 和图 2.8）；超雄黄颡鱼体重 150 克以上，体型瘦长，生殖孔突起突出、膨大，末端凸起较尖，生殖器末端有一明显红点，解剖之后可见精巢外观乳白色，分枝多，粗长（图 2.9 和图 2.10）。

图 2.6　亲本挑选

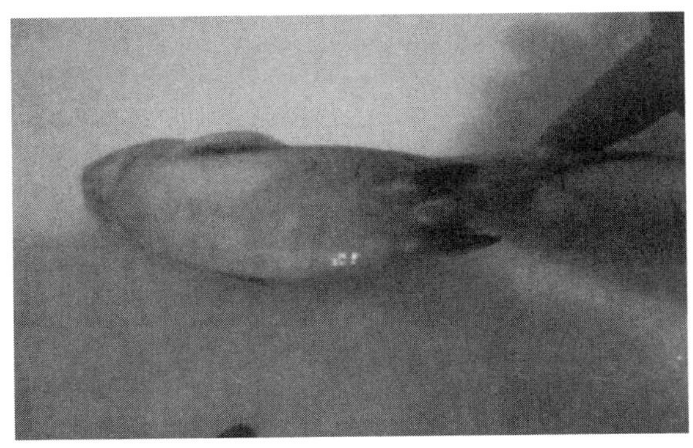

图 2.7　雌鱼亲本

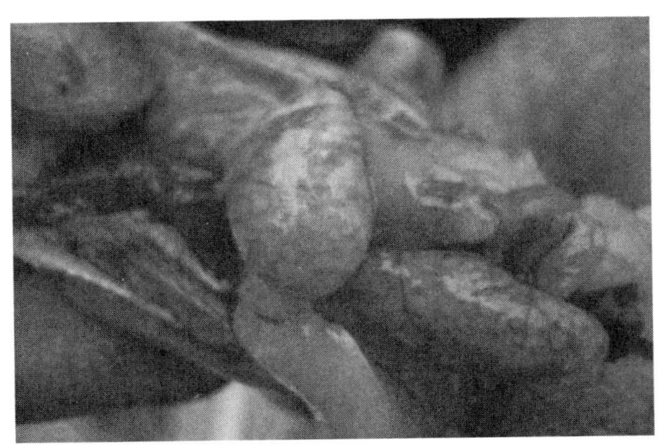

图 2.8　雌性亲本卵巢

2. 亲鱼成熟度的鉴定

（1）雌鱼

成熟欲产的雌性体表黏液多，腹部膨大而富有弹性，腹壁薄而松软，生殖孔扩张微红肿，轻压腹部有卵粒流出，卵粒遇水即散开，黏性很强，卵粒呈橙黄色有光泽，大小均匀、形状规则，卵核偏移，即为 IV 期末成熟阶段卵

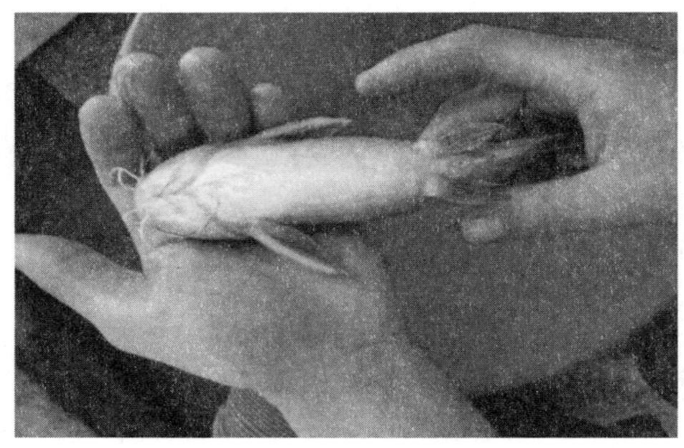

图 2.9　超雄鱼生殖突

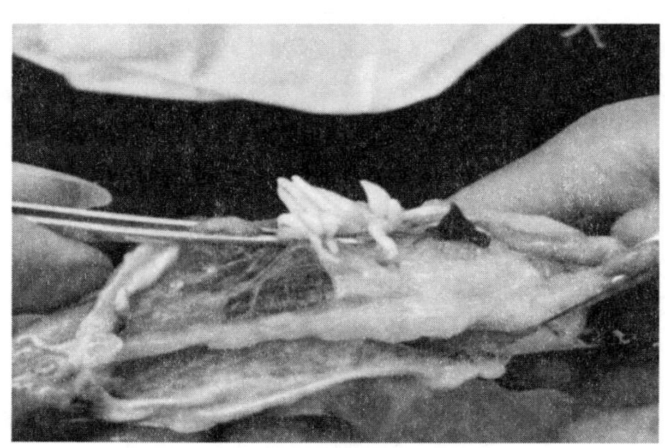

图 2.10　雄鱼精巢分支

细胞。

（2）超雄黄颡鱼

体形无明显变化，但生殖突粗壮，泄殖孔微红，精巢外观乳白色，分枝非常饱满且圆润，即为 V 期性腺雄鱼。

二、催产药物种类及剂量

1. 催产药物种类

催产药物常用的有鱼用绒毛膜促性腺激素（HCG）、鱼用促黄体素释放激素类似物（LHRH－A_2）和多巴胺拮抗物地欧酮（DOM）三种。

2. 催产药物剂量

催产药物剂量按亲鱼的体重计算为：HCG 2 500～2 900 国际单位＋LHRH－A_2 30～34 微克＋DOM 6～8 毫克/千克。对雌鱼采用 2 次注射法，第一次注射的催产药物与剂量为 LHRH－A_2 20 微克/千克，第二次注射余下的催产药物与剂量。采用 2 次注射法，效应时间较稳定，有利于提高催产效果。对超雄黄颡鱼采用 1 次注射，注射的催产药物剂量是雌鱼总剂量的一半，当超雄鱼发育良好时应减少催产药物剂量，可防止精液过早流失。

3. 注射液用量

催产药物用浓度为 0.7% 的氯化钠溶液（淡水鱼类用）溶解稀释，配制成催产注射液。催产注射液用量按亲鱼尾数计算。每尾注射 0.6～1.2 毫升，第一针与第二针各 50%。不同规格亲鱼注射液用量如表 2.1。

表 2.1　不同规格亲鱼注射量表（单位：毫升）

规格（克/尾）	第 1 次	第 2 次	合计	备注
50～69	0.3	0.3	0.6	用医用生理盐水兑蒸馏水稀释成 0.7% 的 NaCI 溶液
70～89	0.4	0.4	0.8	
90～109	0.5	0.5	1.0	
110 以上	0.6	0.6	1.2	

4. 催产药物配制剂量

配制催产药物注射液时，第 1 次用的催产药物为 LHRH－A_2，第 2 次为

HCG + LHRH − A_2 + DOM。按照催产时间的先后顺序，早、中、晚期亲鱼发育状况是不同的，使用催产药物的剂量应有所不同。催产早期，亲鱼成熟度相对较低，水温也低，使用催产药物的剂量要较高。随着亲鱼成熟度的提高，水温的增加，使用催产药物的剂量要逐渐递减。催产药物配制剂量如表 2.2。

表 2.2　催产药物配制剂量表

催产时期	第 1 次	第 2 次			备注
	LHRH − A_2（微克/毫升）	HCG（国际单位/毫升）	LHRH − A_2（微克/毫升）	DOM（毫克/毫升）	
早	3.5	480	2.3	1.4	催产药物要现配现用
中	3.5	450	2.0	1.2	
晚	3.5	430	1.7	1.0	

三、人工催产

1. 工具的选择

（1）注射器

注射器要选用连续注射器（图 2.11），以提高注射效率。

（2）针头

针头选用 6 号钢质针头，针长 2 ~ 3 厘米。

（3）药液吊瓶

选用 500 毫升的吊装瓶，用塑料软管连接在连续注射器的进药口上，使用时悬挂在注射人员的上方 30 ~ 50 厘米处。

2. 注射次数

对雌鱼采用 2 次注射法，超雄黄颡鱼采用 1 次注射法（与雌鱼第 2 次注

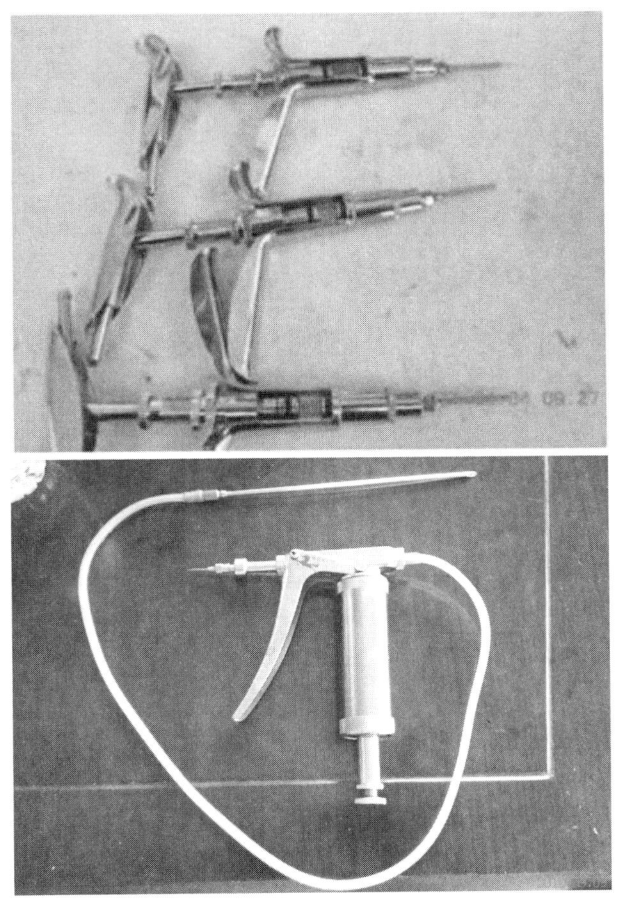

图 2.11　连续注射器

射同时进行）。

3. 注射时间

催产药物注射时间的确定，首先要考虑将催产亲鱼的产卵时间安排在白天的上午，其次是清晨或傍晚，再根据水温的高低与效应时间的长短，安排第 1、2 次的注射时间。如水温在 25℃时，第 1 次注射在第 1 天晚上 22：00

时，第2次在第2天中午12：00时，预计在第3天上午8：00时左右产卵。当水温在27℃以上时，第1次注射在第1天早上6：00时，第2次在第1天晚上20：00时，第2天上午8：00时左右产卵。

为避免阳光照射和高温的不利影响（尤其是催产的中、晚期），催产亲鱼的产卵时间不要安排在晴天的10：00—18：00时。

4. 注射药液量

每尾雌鱼第1次、第2次的注射药液量合计为0.6～1.2毫升，第1次、第2次各半；超雄黄颡鱼与雌鱼第2次注射药液量相同，但催产药物剂量为雌鱼总剂量的50%。不同规格亲鱼注射药液量见表2.3。

表2.3 不同规格与注射量

规格（克/尾）	第一针（毫升）	第二针（毫升）	合计注射量（毫升）
50	0.3	0.3	0.6
70	0.4	0.4	0.8
90	0.5	0.5	1.0
110以上	0.6	0.6	1.2

5. 注射操作

（1）注射部位

进行催产药物注射的部位为胸鳍基部，第1、2次注射应分别在胸鳍的两边，先左边后右边。

（2）注射角度

注射针头朝鱼头方向成45°夹角，注射角度偏大或偏小都容易导致亲鱼受伤。

（3）注射深度

注射深度为0.7厘米，采用针头上套软胶管控制进针深度。要准确把握注射深度，过深易扎到亲鱼心脏引起死亡，过浅易导致药液外溢。注射过程要求轻柔，切忌粗糙（图 2.12 和图 2.13）。

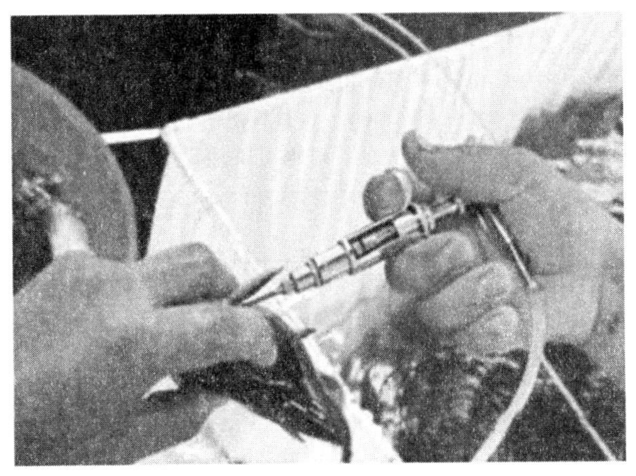

图 2.12　注射催产试剂

图 2.13　用普通注射器注射催产试剂

6. 效应时间

效应时间是指第 2 次注射到雌鱼产卵的时间。效应时间与雌鱼的成熟度、水温、催产药物剂量、注射方法、第 1 次注射与第 2 次之间的时间差、水流、光照等因素有关，但主要因素是水温。通常情况下，水温低时则效应时间长，水温高时则效应时间短，第 2 次注射比第 1 次注射的效应时间短。如水温为 25℃时，效应时间为 18～22 小时；当水温为 27℃以上时，效应时间为 12 小时左右。水温对效应时间的影响见表 2.4。

表 2.4　两次注射在不同水温条件下的效应时间

水温（℃）	22～23	24～25	26～27
效应时间（小时）	30～28	24～20	13～11

观察效应时间的标志是雌鱼频繁在水面游动，受惊吓稍下沉后立即上浮，网箱上黏着少量鱼卵；检查雌鱼，卵巢有流动现象，轻轻挤压腹部有卵粒流出，此时若 70% 的雌鱼有卵粒流出即可进行人工采卵。

四、人工授精

1. 采卵

（1）采卵工具

①操作台：专用采卵操作台。

②装鱼筐：装鱼筐的材料为硬塑料，规格 50 厘米 ×30 厘米 ×20 厘米，使用时筐底垫有吸水的软性海绵。

③毛巾：毛巾的材质为吸水性强的棉质，规格比装鱼筐面积稍大。毛巾有两个用途，一是当装鱼筐装有亲鱼时将毛巾覆盖在上面，二是挤卵前擦干鱼体上的水。

④集卵钵：集卵钵为不锈钢饭缽，口径 17～18 厘米，深 5 厘米，内外壁光滑。

（2）采卵方法

当雌鱼达到成熟排卵期后，从催产网箱中捞出雌鱼放入装鱼筐，覆盖上湿毛巾，把装鱼筐送到采卵操作台；从装鱼筐中抓出雌鱼，用毛巾擦干鱼体上的水，左手食指和中指由头部向下握住雌鱼左右胸鳍，右手拇指和食指从腹部由上往下轻缓地挤压，将鱼卵挤入集卵钵中，如 1 次没有将鱼卵挤完，可重复 2～3 次（图 2.14）。

（3）操作控制

①挤卵动作要轻柔，挤不出鱼卵时不要使劲，对不能产卵的雌鱼不要强行挤卵，尽量减少雌鱼体表与腹内的损伤。

②集中注意力，不要把鱼卵挤到集卵钵外。

③挤出的鱼卵要避免阳光照射，集卵钵中不能进水。

图 2.14　采卵

2. 取精

（1）取精工具与材料

①称重用具：电子秤，规格为称重 1 500～2 000 克，精确度为 0.01 克。

②取精用具：医用剪刀、镊子（弯头和直头）、滤纸、毛巾、研钵、匀浆器、烧杯。

③黄颡鱼精子保存液。

（2）取精方法

①取精：从催产网箱中取出超雄黄颡鱼，擦干体表的水，用剪刀自泄殖孔向头部剪开腹部，可见精巢呈乳白色分枝状，轻缓地将精巢与其他组织分离开，取出整体精巢，不要把精巢取成碎片。将取出的精巢放在滤纸上滚动吸水至干，然后在电子秤上称重并记录。

②研磨：将精巢放入研钵或匀浆器中细心地研磨成白浆状，在研磨过程中及时加入少许黄颡鱼精子保存液。优质的精液呈乳白色奶液状，遇水即散开。为防止精液质量不佳影响受精率，最好用2～3尾超雄黄颡鱼的精液混合使用。

③稀释：在研磨好的精液中加入黄颡鱼精子保存液稀释，用量为1尾超雄黄颡鱼的精液加入10毫升精子保存液，搅拌均匀成精子液，低温保存备用。

（3）操作控制

①取精过程要避免阳光照射。

②对备用的精子液一定要采取低温保护措施。

3. 受精

（1）受精工具与材料

集卵盆和受精盆（口径25～30厘米）、量杯（1 000毫升）、玻璃注射器、毛巾、鸭毛杆、0.7%氯化钠溶液、受精激活水。

（2）集卵

将挤卵操作台上集卵钵中的鱼卵收集到集卵盆中，放到受精操作台上。按照20万粒鱼卵为1盆的方法，将集卵盆的鱼卵倒入受精盆，放在电子秤上称重计算出鱼卵20万粒/盆，用湿毛巾覆盖在受精盆口上。

（3）受精

人工授精采用半干法。每20万粒鱼卵用2毫升精子液，方法是：先用玻璃注射器吸取2毫升精子液，加入到100毫升的0.7%氯化钠溶液中稀释，将稀释后的精子液分散倒入装有20万粒鱼卵的受精盆中，用手轻轻地搅拌10秒钟，再加入受精激活水500毫升，搅拌2~3分钟，使精卵充分结合而受精。静置片刻，弃去污水，即可脱黏（图2.15）。

（4）操作控制

①卵子从产出到受精的时间要控制在10分钟以内，受精过程要争分夺秒，最大限度减少精、卵等待受精的时间；

②受精前的操作过程要避免水进入集卵盆、受精盆，受精过程要避免阳光照射。

图2.15　人工授精

五、人工孵化

1. 脱黏

黄颡鱼"全雄 1 号"受精卵具有较强的黏性，只有无黏性的受精卵才能进入循环水孵化系统孵化。受精卵脱黏、清洗干净是进入循环水孵化系统孵化的前提。

（1）脱黏工具与材料

①机械脱黏器（图 2.16）。

②脱黏盆、装卵盆：脱黏盆、装卵盆为口径 40～50 厘米、深 15 厘米的不锈钢盆或塑料盆，要求内外光滑。

③黄泥浆：黄色的黏性土壤泥浆，要求无沙粒、无杂质，作脱黏剂使用。

④量杯：透明的塑料杯，带有握把和刻度，规格为 1 000 毫升。

⑤洗卵用具：洗卵盆（口径 70～80 厘米、深 20～25 厘米）、软塑料水管、60 目水花捞子）。

图 2.16　脱黏装置

（2）黄泥浆的制作

在繁殖前两个月，将黄泥土取回繁殖基地，放入容器内用水浸泡一个月。用100目网布包裹浸泡过的黄泥土，在盛水的容器内不停地摇晃，边摇晃边加水冲洗，最后将网布内的大颗粒泥沙土倒掉，将过滤的黄泥水搅动30秒，让其沉淀20～30秒后再将黄泥水上部分倒入另一容器中，盖上盖子让其沉淀为黄泥浆。

黄泥浆的制作一定要细致，绝对不能有沙粒和杂质，以防脱黏时对受精卵造成损伤。

（3）脱黏的方法

① 手工脱黏

先将黄泥浆倒入脱黏盆中，然后加水（水∶浆为3∶1），用手搅拌均匀，成为泥浆水，再边搅动泥浆水边将受精卵倒入脱黏盆中，受精卵与泥浆水之比为100克卵加1 000毫升水，继续搅动3～4分钟后受精卵黏性消失。

手工脱黏（图2.17）搅动动作要轻、均匀，且不能有死角，避免鱼卵相互黏结。手不能擦到盆底，以免擦破受精卵。

②机械脱黏

机械脱黏（图2.18）采用的是充气脱黏，主要设备有充气泵和圆锥形桶。充气泵的出气口通过管路与圆锥形桶的下口相连，脱黏时先倒入水和黄泥浆（水∶浆为3∶1），打开充气阀充气，使水与黄泥浆翻动混合均匀成泥浆水，再倒入受精卵（泥浆水∶鱼卵为1 000毫升∶100克鱼卵），继续充气翻动3～4分钟，受精卵黏性消失。

机械脱黏时，充气量的大小要以受精卵不在桶底停留为度。脱黏达到要求的时间后，倒出泥浆水和受精卵，转入清洗。

（4）洗卵

将洗卵盆放满水，把水花捞子置于洗卵盆内，然后把脱黏后的受精卵和

图 2.17　手工脱黏

图 2.18　机械脱黏

黄泥浆水一起倒入水花捞子中，用微流水反复冲洗，直至受精卵干净变亮（图 2.19）。

图 2.19 洗卵

（5）操作控制

①严格控制黄泥浆与水、泥浆水与受精卵的比例。

②脱黏后受精卵上的泥浆必须清洗干净。

③脱黏泥浆水与受精激活水的水温要保持一致。

2. 孵化

（1）孵化桶

孵化桶（图 2.20）体积为 250 升，由桶身、网罩（用 60 目的筛绢布做成）、曝气式充气盘和有关附件组成。

（2）放卵（图 2.21）

将脱黏后清洗干净的受精卵放入带水的装卵盆中，然后缓慢地倒入孵化桶中。放卵量为每个孵化桶放卵 80 万～120 万粒。

（3）孵化管理

①调节冲水和充气：冲水和充气应以受精卵在孵化桶中轻轻翻滚、桶底

图 2.20 孵化桶

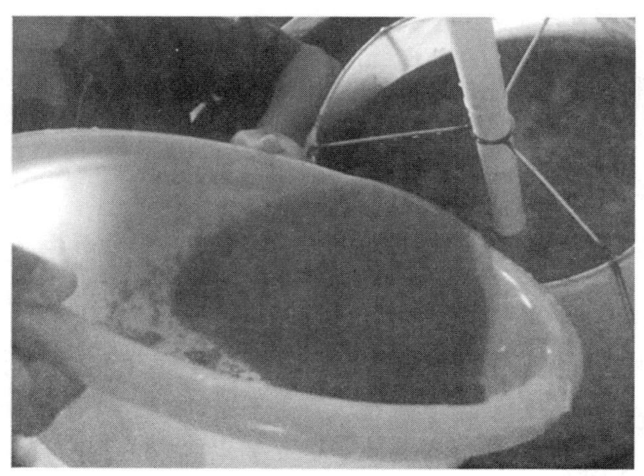

图 2.21 放卵

无受精卵沉积为宜。水流速速度为 0.1 ~0.3 升/秒。孵化前期水体交换量要相对大些，以快速冲洗掉附着在受精卵上的精液及卵巢液、泥浆水等。孵化过程中要保证水质清新，溶氧充足，无敌害生物进入孵化桶。鱼苗完全脱膜后应减小水流速度。

②清洗网罩：要经常用软毛刷清洗网罩，保持水流通畅，防止受精卵或鱼苗溢出。特别是脱膜过程中更应勤洗网罩，以免卵膜堵塞网罩，严重时使网罩浮起，从而造成鱼卵和鱼苗大量溢出。

③加强检查：在孵化过程中要随时观察孵化设施的运转，水质、水温的变化，以及受精卵的发育情况，并做好记录。对供电、供水、供气系统要勤检查，发现问题立即解决，严防停电、停水、停气事故发生。

（4）孵化时间

受精卵孵化出膜的时间与孵化水温相关，孵化出膜时间与水温高低成反比。水温低，受精卵发育慢，孵化时间长；水温高，受精卵发育快，孵化时间短。孵化水温应控制在28℃以内。超过28℃受精卵发育过快，鱼苗畸形率高，孵化效率差。水温与孵化时间关系见表2.5。

表2.5　水温与孵化时间关系表

水温（℃）	22～23	24～25	26～27	27～28
时间（小时）	78～74	72～70	64～62	60～58

（5）操作控制

①孵化用水应水质澄清，溶氧充足。

②孵化水温变幅不得超过3℃，否则会引起受精卵发育畸形和降低出苗率。

③避免阳光直接照射孵化桶。

3. 出苗

（1）出苗时间

受精卵孵化出的鱼苗，发育速度与水温直接相关，水温高则发育快，水温低则发育慢。受精卵脱膜后15～24小时，观察鱼苗体色的变化。当鱼苗体色变成灰黑色后即可转出孵化桶。过早、过晚转出孵化桶，将降低鱼苗成活率。

（2）出苗方法

将鱼苗转出孵化桶时，先关掉供水、供气，待鱼苗沉入桶底后采用软塑料管虹吸的方法，把鱼苗吸入盛水的容器（水箱、水池）中，清除污物，再放入暂养池中暂养。

4. 暂养

（1）水泥池暂养

室内水泥池面积4～10平方米，池深0.5～0.6米，要求池壁和池底光滑。池内安装充水、充气设施，设置双层套管排水。鱼苗入池前1小时，水泥池注水深25～30厘米，开启充水、充气设施。水泥池与孵化桶水温差不超过2℃。鱼苗暂养密度为15万～20万尾/米^2。

（2）玻钢盆暂养（图2.22）

玻钢盆规格1.2米×1.2米×0.4米，要求内壁光滑，盆底中央设置双层套管排水，盆口边沿安装充水、充气设施。鱼苗放入玻钢盆前半小时，注水深20～25厘米，开启充水、充气设施，玻钢盆水温与孵化桶水温温差不超过2℃。鱼苗暂养密度为20万～25万尾/米^2。

（3）暂养要求

①暂养用水要水质澄清，溶氧充足。

②鱼苗暂养时不能停水、停气。

③鱼苗暂养1天后就可销售，否则就要投喂开口饲料。

图 2.22 玻钢盆暂养

第四节 黄颡鱼“全雄1号”工厂化繁育技术

随着黄颡鱼市场需求量不断增大，全国各地均开展了黄颡鱼苗种的生产，但生产技术的落后制约了生产规模，导致产量低，不能满足生产需要。传统的黄颡鱼鱼苗人工繁育首先是依据经验来控制鱼苗生产过程，而对于生产过程中的关键控制指标则无量化标准，所以在生产上无法达到标准化；其次，传统生产设施也落后老化，实际中多用孵化板、棕树皮及半人工产卵用的土池塘等设施，这些因素会导致鱼苗质量参差不齐，鱼苗繁育量达不到一定的规模；第三，近年来气候极端变化，而传统繁育方式中鱼苗发育过程中的温度不可控，导致无法全天候生产，进而严重影响了鱼苗产量。

近十年来，国内已有采用工厂化循环水进行苗种繁育技术的研究。鳜鱼人工繁育试验中利用四大家鱼繁殖设备，建立池塘微循环系统，通过物理和生物的方法，改良繁育用水，成功繁殖出了鳜鱼鱼苗（刘寒文等，2008），但建立池塘微循环系统占地面积较大，不利于规模化生产。斑点叉尾鮰人工孵化试验中利用由过滤装置、紫外线水质处理机和臭氧水质处理机等组成的循环水孵化系统，对水质处理效果好，亦可显著提高鱼苗孵化率（张家海等，2010），但孵化前鱼卵块需用60毫克/升浓度的亚甲基蓝溶液浸泡消毒，由此产生的废水不可循环利用且污染环境，所以上述方法未见在生产上推广应用。徐继松等用循环水养殖系统培育日本鳗鲡和美洲鳗鲡，二者的苗种成活率均高于传统模式（徐继松，2012）。张饮江等报道了褐点石斑鱼受精卵约 2.0×10^5 粒，孵化仔鱼约 1.0×10^5 尾，经53天闭合式循环水系统培育，获得稚鱼4 600尾，体长为28.5～33.6毫米（张饮江等，2007）。顾成柏报道了利用循环水进行半滑舌鳎和星斑川鲽的苗种繁育实验，共培育出平均体长6.1毫米的半滑舌鳎鱼苗11万尾，体色正常，原色率100%，获得发育至“原口关闭期”的受精卵30万粒；自“原口关闭期”的受精卵培育至仔鱼附底，前期成活率为37.5%，后期培养（自附底至全长6毫米）成活率达95%以上；培育出全长2.5厘米左右的星斑川鲽鱼苗10.2万尾，2龄仔鱼培育成活率为45.6%（顾成柏，2010）。

在国外，利用工厂化循环水系统进行苗种繁育技术的研究较早，Kelly等报道了室内循环水养殖系统中斑点叉尾鮰的亲鱼培育（Kelly，2004）；Blancheton报道利用循环水系统进行海鲈和大菱鲆苗种培育（Blancheton，

2000)；Martins 等报道了循环水系统进行鲤鱼早期苗种培育的情况（Martins，2009)。此外，Martins 等系统综述了欧洲利用循环水系统在鱼苗培育和成鱼养殖中的应用情况，欧洲利用循环水系统养殖成鱼主要在丹麦和荷兰等国，养殖鱼类包括淡水鱼类如非洲鲶鱼、欧洲鳗和鳟鱼、海水鱼类如大菱鲆、欧洲海鲈和舌鳎等。2009 年两国成鱼产量分别为 12 000 吨和 9 680 吨。循环水系统在鱼苗培育中应用的主要有法国、捷克和挪威等国，2009 年三国苗种产量分别为 7 372.9 万尾、6 000 万尾和 380 万尾（Martins，2010)。综上所述，在欧洲或北欧采用工厂化循环水系统进行了重要经济鱼类苗种繁育技术的研究，但规模生产量相对较小。

如果采用工厂化进行黄颡鱼“全雄 1 号”苗种繁育，可解决不利于黄颡鱼苗种规模化生产的主要障碍，实现黄颡鱼苗种全天候、标准化、规模化生产，提高黄颡鱼苗种生产的专业化水平，获得品质优、规格整齐、生长速度快、成活率高的鱼苗。

一、黄颡鱼“全雄 1 号”工厂化繁育系统的布局设计

黄颡鱼“全雄 1 号”工厂化繁育系统按照鱼苗生产流水线进行布局，设计一个标准生产车间，占地面积 868 平方米，其中亲鱼分选区 44 平方米，分选池 3 个；亲鱼催产区 105 平方米，催产池 6 个；人工授精区 52 平方米，内置人工采卵操作台，产后亲鱼暂养箱等；受精卵孵化区 53.9 平方米，内置 48 个口径 0.72 米的气浮式孵化桶；鱼苗暂养区 211.6 平方米，暂养池 40 个；开口饵料培育区 10.8 平方米，内置 13 个丰年虫孵化桶；鱼苗包装作业流水线及包装材料放置区 117.5 平方米；设备房 108 平方米，含有 3 套循环水处理系统，分别与亲鱼催产池、鱼苗孵化设备和鱼苗暂养池相连；工作室、工具室及过道 137.9 平方米。

整套系统水温控制在 25 ~ 28℃，水体交换量为 30 吨/小时，经过水处理

后的水质关键指标符合生产要求，溶氧在6.0~7.0毫克/升，pH值为7.5~8.5，NH_4-N在0.2~0.8毫克/升，NO_2-N在0.05~0.25毫克/升。

黄颡鱼“全雄1号”工厂化繁育系统设施设备的功能与详细设计如下：

图2.23　亲鱼分选区

1. 亲鱼分选区（图2.23）

该区域是亲鱼培育池与工厂化繁育系统之间的过渡区域。亲鱼从培育池捕捞后进入系统前在此区域过渡，适应系统环境，让鱼体排泄废物和进行鱼体清洗，同时对亲鱼进行挑选并按规格分组与过数。

主要设计参数如下：亲鱼分选区44平方米，分选池3个，每日分选亲鱼约500千克（7 150尾）；分选池规格5.0米×2.5米×1.0米，池壁厚120毫米；底部倾斜方便排水，坡度7.65%；池四角设计为圆角（内径50毫米）；池壁上沿设置卡槽8对以方便分隔网箱；排水管采用双层套管。使用时池内挂设网箱2个，亲鱼暂养密度为10千克/米^2，微流水暂养。亲鱼分选池结构示意。

2. 催产区（图 2.24）

对亲鱼人工注射催产药物及催产前后暂养管理的区域。此区域通过设计相对独立的水处理系统和暂养系统，提供合适的催产亲鱼暂养水体环境和催产操作平台。主要设计参数如下：亲鱼催产区面积为 105 平方米，催产池 6 个，日催产亲鱼约 500 千克（7 150 尾）；催产池与分选池结构一致；催产注射使用连续注射器，注射针头为钢质 6 号，针头长为 2～3 厘米；配置的催产药液用 500 毫升的吊瓶，用塑料软管连接在连续注射器的进药口上，操作时吊瓶悬挂在注射人员的上方30～50 厘米处；对雌鱼采用 2 次注射法，超雄鱼采用 1 次注射法。

图 2.24　催产区

3. 人工授精区（图 2.25）

在此区域对雌鱼人工挤压腹部采卵，对超雄鱼进行剖腹取精，进行人工授精，受精卵脱黏和清洗等操作。

主要设计参数如下：人工授精区 52 平方米，内置人工采卵操作台（图

图 2.25　人工授精区

2.26）2 张，产后亲鱼暂养箱 2～4 个，能容纳 2 个生产小组同时进行采卵操作。人工采卵操作台规格 1.8 米×1 米×0.75 米，操作台面中间设计 45.5 厘米宽，9 厘米深的凹槽，操作台面下两边各设置 1 条产后亲鱼滑道，滑道倾斜，末端连接产后亲鱼暂养箱。采卵操作台工作时，启动水泵和增氧装置，水从产后亲鱼暂养箱经过过滤装置（内置过滤棉）进入产后亲鱼滑道形成水流，利于产后亲鱼顺利滑到产后亲鱼暂养箱。

4. 受精卵孵化区

受精卵孵化区（图 2.27）由循环水处理系统、受精卵孵化器和增氧系统组成。在此区域，完成受精卵孵化成鱼苗的过程。

气浮式孵化桶：由圆锥形孵化桶、曝气式充气盘、60 目过滤网罩及其他相关配件组成，孵化桶口径 0.72 米，容水量 250 升，孵化桶水流速 0.1～0.3 升/秒，充气量以受精卵轻轻翻动为宜，孵化密度为 80 万～120 万粒/桶。

受精卵孵化区主要设计参数如下：受精卵孵化区 53.9 平方米，气浮式孵

图 2.26　人工采卵操作台

图 2.27　孵化区

化桶 48 个。以孵化设备为例说明系统主体结构的设备流程，主要包括高位供水池，孵化用水通过供水管道进入气浮式孵化桶，孵化废水经砂滤（池）器初级物理过滤，由水泵工作进入蛋白质分离器去除蛋白质等杂物，后由生物

（过滤）箱进行细菌分解，经过远红外线生物棒杀菌，控温，回流至高位供水池；孵化设备工作期间，充气泵连续工作以保证孵化桶中受精卵均匀翻动和孵化水溶氧充足。

5. 鱼苗暂养区

根据黄颡鱼卵黄苗的特点，设计相对独立的循环水处理系统和养殖系统，用于孵化后鱼苗的暂养和开口苗的培育。

主要设计参数如下：鱼苗暂养区 211.6 平方米，暂养池 40 个，规格 1.8 米 ×1.8 米 ×0.5 米，池壁厚 120 毫米；底部倾斜方便排水，坡度 7.65%，铺设黄色防滑瓷砖；池四角设计为圆角（内径 50 毫米）；排水管采用双层套管。鱼苗暂养密度为 20 万尾/米^2，增氧、微流水暂养 1～2 天。

6. 开口饵料培育区

选择合适的饵料生物，设计特定的饵料培育方式，培养适合黄颡鱼鱼苗的开口饵料。

丰年虫孵化装置设计：圆锥形桶，容量 100 升，桶底装置曝气式充气盘，一次可孵化丰年虫干卵 300 克，可满足 75 万尾黄颡鱼开口苗一天的投喂需要。

开口饵料培育区 10.8 平方米，内置 13 个丰年虫孵化装置。

7. 鱼苗包装作业流水线

对鱼苗的包装用水进行调控和处理，使包装用水符合要求。设计合适的包装作业流水线，使包装作业流程化、标准化。

包装传送带结构设计如下：传送带由木方框架、PVC 管件组和滚轴构成，木方框架外径 1.50 米 ×0.50 米 ×0.45 米，木方框架上沿安装管卡 DN63 固定 PVC 管件组。PVC 管件组的中部管道内套滚动轴承 2 个，使中部的 PVC 管围绕管轴运动，包装箱半自动传送到打包处（图 2.28）。

图 2.28　包装传送带

包装箱由纸箱、泡沫箱、氧气袋组成，其设计如下：

纸箱规格为 570 毫米 ×430 毫米 ×360 毫米（内径），采用单层瓦楞纸板制作，外层用牛皮纸。

泡沫箱规格为 520 毫米 ×380 毫米 ×310 毫米（内径），四周厚度为 25 毫米，底厚 30 毫米，盖厚 25 毫米，密度为 22 千克/米^3，采用聚苯乙烯颗粒（EPS）压制而成，承重能力最大达到 20 千克，规格及质量符合航空要求。

氧气袋（图 2.29）规格为 60 厘米 ×65 厘米，厚度为 0.35 毫米，采用高压聚乙烯（LDPE）制作。1 个氧气袋放入 1 个泡沫箱。

包装用品：①橡皮筋，拉力 1.5 千克以上；②封箱胶带，至少两种以上颜色，不同客户使用不同颜色胶带；③油性记号笔，箱体编号用。

鱼苗包装作业流水线及包装材料放置区主要设计参数如下：占地面积 117.5 平方米，内置包装流水线 1 条，由 2 条传送带拼装组成。

8. 水力循环设备（图 2.30）

水力循环设备由水力输送泵、供水管道、回水管道和控制水流速度的设施构成，保持水体在高位供水池、孵化设备、暂养设备和水处理设备之间循环流动且水流速度可控。

图 2.29　氧气袋

图 2.30　水力循环系统

水力循环设备的设计：水力输送泵选用功率 3 千瓦/台。供水管道、回水管道采用 PVC 塑联水管，供水管道从高位供水池引水，在排水渠内壁从下向上排布，最下端管道离渠底 50 厘米，每根管道间隔 5 厘米。

9. 水质净化设备

以蛋白质分离器和砂滤器为主体的物理过滤系统，以复合流生物箱与远红外线生物棒、生化棉为主体组成的生物过滤系统，以及污物收集系统组成完整的水质净化系统，综合运用物理和生物的方法清除水体中的代谢废物，净化水质，维持系统中水质稳定，保证孵化废水经过循环处理后再利用。

蛋白质分离器结构示意简图（图 2.31）：包括一个主壳体，在主壳体底部有一个气盘，气盘与进气管连接；主壳体上连接有一个主进水管和一个清水出水管，清水出水管入口位于主壳体底部，主进水管的出口位于气盘的上方。设备利用产生的气泡的表面张力除去水中杂质和有机废物等。水质净化设备主要为蛋白质分离器和复合流生物箱，占地面积 20 平方米/套。

10. 水温调控设备

包括安装在循环管道中间的水温探测装置、水温升降设备和在供水池中设置的保温措施，以保持系统中的水温处于相对稳定的状态。

11. 增氧曝气系统

由涡轮式风机、供气管网和遍布水体的曝气增氧设备组成，向水体中不断地充气以维持正常的溶氧水平，并为孵化器中受精卵的漂浮提供动力。

主要设计参数如下：孵化区旋涡式风机共 2 台（HG－2200－C），一用一备，额定功率 2.2 千瓦/台，可为 80 个气浮式孵化桶供气使用；亲鱼催产区与鱼苗暂养区旋涡式风机共 2 台（HG－1500－C），一用一备，额定功率 1.5 千瓦/台，可为 50 个催产池和暂养池供气，能供 500 平方米以上的水泥池使用。

12. 防疫系统

由亲鱼和鱼苗检疫流程、进入车间的踩踏消毒池、车间内设置的工具消

图 2.31 蛋白质分离器

毒池和水力循环系统中的紫外线消毒设备等组成疾病预防系统（图 2.32），可有效控制疾病的传播，预防孵化过程中鱼病的发生。

二、黄颡鱼“全雄 1 号”苗种工厂化生产工艺流程中的关键技术

按照工厂化的要求，对繁殖中的生产工艺流程、生产环节节点、质量关键控制点进行设计，建立鱼苗工厂化生产工艺流程及关键技术指标控制体系，达到提高生产效率和保证产品质量的目标。设计的基本原理是在研究黄颡鱼的生理特点与所需生态环境的基础上，在种源选择、亲本培育、人工催产、

图 2.32　疾病防疫系统

人工孵化、鱼苗暂养、鱼苗包装等过程中采用先进的设施设备、生产工艺技术和管理手段。

1. 工艺流程图

按照工厂化生产的要求，设计黄颡鱼“全雄 1 号”鱼苗工厂化生产工艺流程图（图 2.33）。流程图中主要环节的功能：

（1）亲本配置

亲鱼配置按照黄颡鱼亲鱼质量标准进行。雌鱼由自然水域捕捞，也可选用人工养殖的雌鱼（禁用近亲繁殖后代作亲鱼）。雄鱼为武汉百瑞生物技术有限公司培育的超雄黄颡鱼。亲鱼要求：体质健壮、体色光亮、无病无伤、鳍条完整、游泳活泼，年龄在 2 龄以上。

（2）后备亲鱼培育

后备亲鱼培育可采用池塘或网箱培育的方式进行。在放养前要进行清塘消毒，安装配套机械设备。亲鱼放养前要进行鱼体消毒。饲料可选择黄颡鱼专用

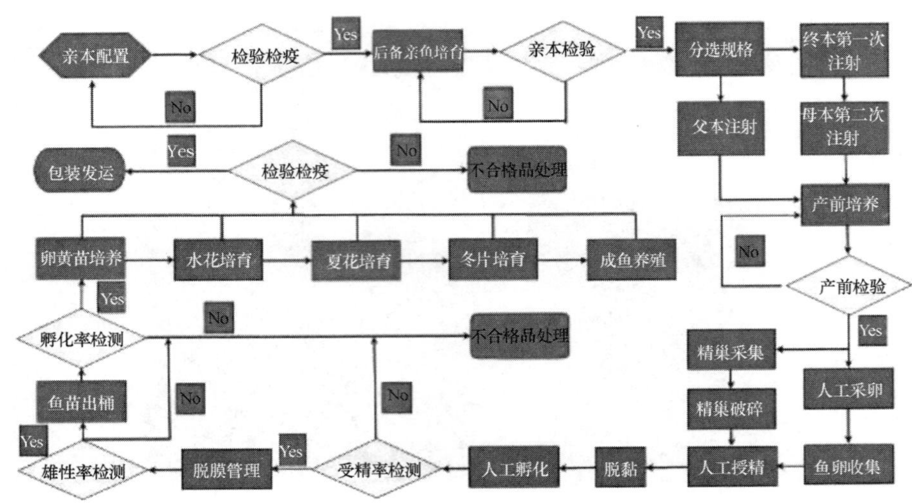

图 2.33　黄颡鱼"全雄 1 号"鱼苗工厂化生产工艺流程图

颗粒饲料或沉性饲料。投饲要做到"四定"，加强日常管理和产前强化培育。

（3）人工催产

催产时将亲鱼暂养于催产池中，对亲鱼按规格进行分组。配制催产药物，按规定时间注射催产药物，雌鱼二次注射，雄鱼一次注射。注意观察效应时间，及时进行产前检查。

（4）人工授精

人工授精指采集成熟亲鱼的卵子和精子进行混合而获得受精卵的过程。

采卵时左手食指和中指由头部向下握住雌鱼左右胸鳍，右手拇指和食指从腹部由上往下轻缓地挤压，将鱼卵挤入集卵钵中。采卵完成后将亲鱼放入产后亲鱼暂养池中（池内充气与冲水）。要求鱼卵挤出后在 10 分钟以内受精，受精前避免接触水。

取精时剪开雄鱼腹部，取出精巢，将精巢放入研钵（或匀浆器）中研成白浆状，加入黄颡鱼专用精子稀释液 10 毫升/尾，搅拌均匀配成精子液。

受精时将精子液加入到鱼卵中搅拌10秒，再加入受精激活水搅拌2～3分钟即可。

采卵、取精和受精操作过程要避免阳光照射。

（5）脱黏

脱黏时先将黄泥浆倒入盆中加水，用手搅拌均匀，再一边用手搅动泥浆水一边将受精卵倒入盆中，搅动3～4分钟后鱼卵黏性消失；机械脱黏时，将黄泥浆和水倒入气浮式脱黏器内，打开气阀，再倒入受精卵，脱黏3～4分钟。将脱黏的鱼卵和泥浆水一同倒入60目水花抄网中，在洗卵盆（桶）中反复清洗，直到鱼卵干净变亮。

（6）人工孵化

人工孵化中关键是控制放卵密度，调节好水流速和充气量，以受精卵在桶中轻轻翻动、底部无沉积为宜。经常清洗孵化桶过滤罩。鱼苗完全脱膜后应减小水流速度。孵化水温变幅不得超过3℃，否则会引起鱼苗畸形和降低出苗率。

（7）鱼苗暂养

出桶时观察鱼苗变成灰黑色（25℃水温条件下鱼苗脱膜后15～24小时）后即可将鱼苗转出暂养。过早、过晚的转出鱼苗都将影响鱼苗成活率。出桶的方法采用虹吸法，暂养池与孵化桶水温温差不得超过2℃，暂养水深20～40厘米，暂养时采用增氧与微流水。

（8）包装发运

鱼苗暂养1～2天后已由稚嫩的卵黄苗变成健壮的卵黄苗或投喂饵料后的开口苗，即可包装发运销售。包装时根据天气、温度、鱼苗规格、运输方式、运输距离等决定时间和密度，以保障运输的存活率。

2. 质量控制与技术参数

对生产的全过程制定严格的质量指标和技术参数，主要包括7个关键点的质量检测和15个作业节点的技术参数。

（1）量控制检测项目

质量控制检测项目主要包括亲鱼配置、亲鱼培育质量、产前亲鱼质量、受精率、雄性率、孵化率和鱼苗销售质量的检验检疫。具体检测项目与指标见表2.6。

表2.6 质量检测项目与指标

项目	检验方法	指标	备注
亲本配置	雄鱼来源、追溯、检测记录，外观检测	①武汉百瑞公司提供的超雄黄颡鱼 ②最小年龄为2龄 ③最小体重150克/尾，最小体长16厘米/尾	依据黄颡鱼"全雄1号"亲鱼质量标准 亲本培育
	雌鱼来源、追溯、检测记录，外观检测	①天然水体收集或人工养殖的普通雌鱼（禁用近亲繁殖后代作亲鱼） ②年龄在2龄以上，体重50克/尾以上 ③后备亲鱼可选择2龄以下的雌鱼，培育后的亲鱼繁殖时年龄需达到2龄以上 ④体质健壮、无病无伤、鳍条完整、游泳活泼	
质量	雌鱼外观可数与可量指标	①体表光滑有黏液，色泽正常，游泳活泼 ②体形正常，腹部膨大，饱满柔软，卵巢轮廓明显且有下坠感，生殖孔变圆且微肿胀，无生殖凸起，卵巢呈淡黄色或橘黄色 ③肉眼可见较大的卵粒，卵粒整齐，相互黏连并不游离 ④年龄在2龄以上，体重50克/尾以上	依据黄颡鱼"全雄1号"亲鱼成熟度判别标准 产前亲鱼

续表

项目	检验方法	指标	备注
质量	雄鱼外观可数与可量指标	①体表光滑有黏液，色泽正常，游泳活泼 ②体形正常，个体较同龄雌鱼大，体型瘦长，生殖突膨大，末端凸起较尖 ③生殖突末端有一明显红点，精巢的外观呈乳白色，分枝多，粗长 ④年龄在2龄以上，体重150克/尾以上	依据黄颡鱼“全雄1号”亲鱼成熟度判别标准 产前亲鱼
成熟质量	雌鱼外观检查	①生殖孔扩张微红肿，腹部膨大松软。轻压腹部时有卵粒流出，遇水即散开 ②卵黏性很强 ③卵粒呈橙黄色有光泽，均匀，卵核偏移 ④待产亲鱼成熟70%以上	依据黄颡鱼“全雄1号”受精率检测标准
	雄鱼外观和解剖检查	生殖突粗壮，泄殖孔微红。精巢外观乳白色，分枝非常饱满且圆润	
受精率	受精卵与总卵数量之比，即受精率% =受精卵数/总卵数×100%	受精率% ≧ 80%	
孵化率	统计出苗数量与受精卵之比，孵化率% =鱼苗尾数/受精卵数×100%	孵化率% ≥80%	依据黄颡鱼“全雄1号”孵化检测技术标准
雄性率	用高盐法或酚氯法提取鱼苗DNA，用PCR将DNA扩增，电泳得到目的条带，大小为568 bp的鱼苗即为雄性	雄性率（%）=N－Y ∗100 / N－β－actin 雄性率（%）≥98%	依据黄颡鱼“全雄1号”苗种雄性率检测技术标准

续表

项目	检验方法	指标	备注
检验检疫	GB/T15805.1－199 淡水鱼类检疫方法	符合国家标准	

（2）生产技术参数

生产技术参数共包括 15 项 40 个指标，具体见表 2.7。

表 2.7　生产技术参数

生产项目	技术参数	备注
亲鱼	①体重：♂150 克/尾、♀50 克/尾 ②年龄：均为 2 龄	
催产水温	①适宜：23～28℃ ②最佳：25～27℃	
注射药液量	① 50～69 克/尾＝0.6 毫升 ② 70～89 克/尾＝0.8 毫升 ③ 90～109 克/尾＝1.0 毫升 ④ 110 克/尾以上＝1.2 毫升	雌鱼 2 次注射，各取 50%。雄鱼 1 次注射，与雌鱼第 2 次注射量相同
注射药量	①早期 HCG：480 国际单位、A2：2.3 微克、DOM：1.4 毫克 ②中期 HCG：450 国际单位、A2：2.0 微克、DOM：1.2 毫克 ③晚期 HCG：430 国际单位、A2：1.7 微克、DOM：1.0 毫克	每毫升含药量
亲鱼暂养	密度：200 尾/米^3	
注射	①针头：6 号 ②注射深度：0.7 厘米 ③角度：45°	连续注射器

续表

生产项目	技术参数	备注
效应时间	① 25～26℃：17～19 小时 ② 27～28℃：11～14 小时 ③ 29～30℃：8～10 小时	2 次注射（第 1 针与第 2 针间距 14 小时左右
	28℃以上：20～22 小时	1 次注射
产前检查	成熟比例：70%	开始采卵
人工授精	① ♂：♀ =1∶30 万～40 万粒卵 ②授精时间：2～3 分 ③卵与水之比：10 万粒卵：250 毫升	♂ 150 克/尾 搅拌 10 秒 激活用水量
脱黏	①泥浆∶水 =1∶3（容积） ②泥浆水∶受精卵 =1 000 毫升∶20 万粒卵 ③脱黏时间：3～4 分	
孵化	①孵化密度：3 200～4 800 粒/升 ②水体交换量：0.1～0.3 升/秒 ③孵化温差：＜ 3℃	
鱼苗暂养	①鱼苗出桶时间：脱膜完成后 15～24 小时 ②鱼苗暂养密度：15 万～20 万尾/米^2	
开口苗喂养	①喂养次数：4～5 次/天 ②投喂量：1 罐（400 克）/100 万尾・天	丰年虫卵孵化的卤虫
鱼苗销售时间	①卵黄苗：20～30 小时（水温 25℃） ②开口苗：40～60 小时（水温 25℃）	出桶后
鱼苗包装	①包装水温差：＜ 2℃ ②包装袋规格：65 厘米 ×60 厘米 ③包装水量：5.5 升/袋 ④卵黄苗包装密度：2.5 万～3 万尾/袋 ⑤开口苗包装密度：2 万～2.5 万尾/袋	

三、黄颡鱼“全雄1号”苗种工厂化繁育技术应用效果

通过湖北鄂州、监利、江苏宝应、洪泽、安徽淮南等生产基地对工厂化育苗系统的实践运用，取得了满意的效果：建设868平方米的标准车间，一个生产季节可生产鱼苗3亿尾，每平方米生产42万尾，每个车间每天出产苗种1 000万尾，对比常规黄颡鱼苗种生产，生产场地减少6～7倍，产能提高3～4倍，100万尾鱼苗可节水约1 500吨，达到了节水、节能、节地的目的。由于在室内生产，温度可控，可保证全天候生产。平均催产率92.5%、受精率78.2%、孵化率77.8%，比常规生产平均提高10%；生产的鱼苗池塘大面积夏花培育存活率55%，比常规黄颡鱼苗种培育平均提高83%。

第三章
黄颡鱼“全雄1号”夏花苗种培育

第一节　鱼苗的分期与特点

在自然条件下，黄颡鱼仔、稚鱼发育分期和食物组成变化明显，依据外部形态、内脏器官和生活习性的变化，并参照王武等（2005）对江黄颡鱼仔、稚鱼发育分期方法和王志强等（2009）对黄颡鱼仔、稚鱼发育分期方法，可将黄颡鱼仔、稚鱼分为仔鱼前阶段、仔鱼阶段、稚鱼前阶段、稚鱼阶段。鱼苗培育即指从仔鱼前阶段（卵黄苗或开口苗）培育至3厘米左右稚鱼（夏花）的养殖过程。

一、仔鱼前阶段

从仔鱼孵化出膜至卵黄囊大部分被吸收，开始摄食外界营养为止，共历时5~6天。为方便在生产实践中商业化运作，一般将黄颡鱼“全雄1号”仔鱼前阶段的鱼苗分为两种，即卵黄苗和开口苗。

卵黄苗（图3.1）：仔鱼前阶段（附着期向平游期过渡）的鱼苗，即从孵出到卵黄囊吸收完毕期间的鱼苗，此期鱼苗不能主动摄食，游泳能力差，规格约6～8毫米。由于鱼苗生产单位亲本培育的差异，用于销售的鱼苗规格范围为240～300尾/克。

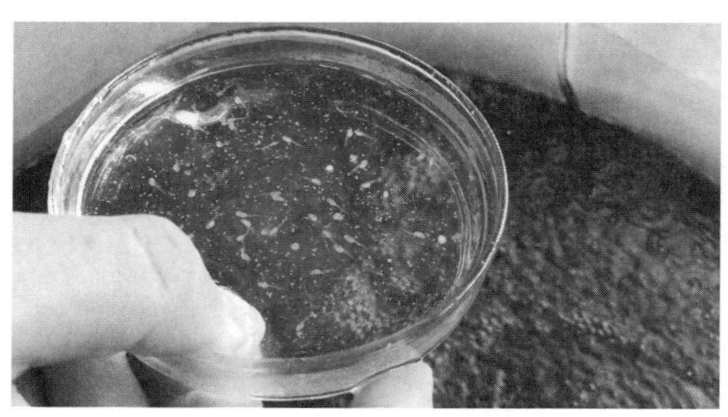

图3.1 卵黄苗

开口苗（图3.2）：仔鱼前阶段开口期的鱼苗，自卵黄囊吸收完毕开始，发育至具有一定数量的鳍条为止。此期虽已开始摄食，但内部和外部的形态结构中都存在仔鱼的特点，是摄取的早期阶段。此期鱼苗游泳能力增强，规格约8～9毫米。由于各地开口技术的不同，用于销售的开口苗规格范围为160～220尾/克，鱼苗腹腔内显橙红色（丰年虫开口）。

1. 附着期

仔鱼出膜至胸鳍向身体两侧伸出、尾鳍鳍条分化。运动能力弱，主要营附着生活，尾部可不停摆动，并围绕附着物作短暂垂直运动。刚孵出的仔鱼平均全长4.53毫米，肛后长2.02毫米，卵黄囊1.67毫米×1.34毫米。鱼体头大尾细，无色透明，口未形成，听囊及1对耳石清晰可见。胸鳍原基出现，具有颌须1对，卵黄囊较大，椭圆形。

2. 平游期

仔鱼出膜4天。平均全长8.35毫米，肛后长4.36毫米，卵黄囊1.02毫

图 3.2 开口苗

米×0.67毫米，头顶色素呈块状。鱼体借助胸鳍能水平游动，背鳍褶前端凹陷，臀鳍原基出现，鳃膜游离，胃明显粗于肠，但未与肛门贯通。

3. 开口期

仔鱼出膜5天。平均全长9.23毫米，肛后长4.97毫米。上下颌具尖锐、稀疏的细齿，口裂0.34~0.42毫米，卵黄囊尚有残存部分。胃肠与肛门相通，胃中食物主要是轮虫、小型枝角类等。鳃丝分化完全，鳔充气，鼻须1对，腹鳍原基出现，头部及躯干上的色素呈块状。

二、仔鱼阶段

仔鱼继续以卵黄物质为营养，并从外界摄取食物。体形与成体有一定差异，器官分化仍不完善，历时4~5天。

1. 小型枝角类期

仔鱼出膜6~7天。全长9.55~9.96毫米，肛后长5.24~5.44毫米。上颌须向后超过胸鳍起点，颌齿数增多，卵黄囊上微血管丰富。胸鳍出现硬棘，背鳍形成并出现鳍条。鳃丝增长，鳃耙形成。肠道内以小型枝角类为主，也有少量轮虫、桡足类和有机碎屑等。

2. 混合营养期

仔鱼出膜8天。全长10.6～11.5毫米，肛后长5.83～6.24毫米，卵黄囊很小。背鳍形成并出现鳍条，臀鳍鳍条16根，尾鳍开始形成上、下叶。肠形成两个弯曲，鳔增大。食物中除小型枝角类、轮虫外，大型枝角类、桡足类等也占一定比例。

3. 外源营养期

仔鱼出膜9天。全长11.1～12.2毫米，肛后长6.18～6.49毫米。腹鳍向体侧伸出，尚无鳍条。卵黄物质被吸收干净，上下颌具许多颌齿。食物组成以枝角类为主，还有轮虫、桡足类、无节幼体和藻类等。

三、稚鱼前阶段

完全以摄取外界食物为营养，鳍褶逐渐消失，侧线和各鳍鳍条形成，器官分化逐步完善，外形向成鱼体形过渡，历时7～8天。

1. 大型枝角类期

稚鱼出膜10天。全长11.8～12.9毫米，肛后长6.37～6.63毫米。尾鳍、腹鳍和臀鳍间鳍褶仍相连，尾鳍分叉，腹鳍出现鳍条，食物组成以大型枝角类为主，其次是小型枝角类，轮虫比例开始减少。

2. 第1次转食期

稚鱼出膜13天。全长14.2～15.4毫米，肛后长6.98～7.56毫米。尾鳍鳍褶消失，尾鳍、腹鳍和臀鳍各自独立。全长约为肠长2倍，鳔两室。食物组成中枝角类仍占大多数，摇蚊幼虫、寡毛类比例上升，水蚯蚓开始出现。

3. 底栖动物期

稚鱼出膜16天。全长16.6～18.3毫米，肛后长8.24～8.97毫米。侧线形成，体两侧有暗灰色斑块，小肠4个弯曲。食物组成中摇蚊幼虫、水蚯蚓、寡毛类等与浮游动物数量相当。

四、稚鱼阶段

内部器官进一步完善，外部形态和食性逐渐与成鱼相似，历时13～14天。

1. 第2次转食期

稚鱼出膜20天。全长19.8～22.2毫米，肛后长9.73～10.7毫米，上下颌有许多颌齿。全长约为肠长1.6倍。肠道内食物以摇蚊幼虫、水蚯蚓、寡毛类等底栖动物为主，浮游动物已明显减少，并开始摄食人工饲料。

2. 杂食期

稚鱼出膜24天。全长23.5～26.1毫米，肛后长11.3～12.8毫米，紧接颌齿出现几排小齿形成蜂窝状，犁齿增多，小肠盘旋一圈并有5个弯曲。全长约为肠长1.4倍。肠道食物组成除摇蚊幼虫、水蚯蚓、寡毛类外，出现腹足类幼体、幼虾和人工饲料。

3. 夏花期（图3.3）

稚鱼出膜30天。全长29.8～34.2毫米，肛后长14.4～16.7毫米，各鳍鳍褶消失，侧线形成，体色与成鱼相似。背部为黑褐色至青黄色，体侧黄色，并有二纵二横黑色细带条纹，各鳍条灰黑色，腹部淡黄色。肠道食物组成为摇蚊幼虫、水蚯蚓、寡毛类、腹足类幼体、幼虾和人工饲料。

图 3.3　夏花

第二节　鱼苗开口

鱼苗开口暂养目前多用三种方式：池塘网箱暂养、水泥池流水暂养和循环水暂养。

一、池塘网箱暂养

1. 池塘条件

池塘要求以 5 亩左右为宜，池底平坦，水源充足，水质良好，进、排水方便，底泥 10 ~ 20 厘米，可蓄水 1.5 米以上；电、路配套畅通，3 ~ 5 亩配备 1.5 千瓦的叶轮式增氧机 1 台。生产工具配套。

2. 清整消毒

放鱼苗前 7 ~ 10 天清除池埂（边）杂草，对培育池（含池边）进行彻底的清塘消毒（表3.1和图3.4），杀灭池水中的寄生虫、病原菌及其他敌害。清塘消毒的方法有干法清塘和带水清塘两种：采用干法（池水深<10厘米）清塘时，每亩用生石灰100千克或漂白粉10千克；采用带水（池塘中保持水深30厘米左右）清塘时，每亩生石灰的用量为150千克或漂白粉15千克，将生石灰或漂白粉化浆后立刻全池泼洒。浓度一定要高，且要均匀。若池塘内有蜻蜓幼虫，可用菊酯类农药杀灭。清塘消毒3～5天后即可进水，进水口用80目密网片制作的长2.5米以上的网袋包裹住，过滤掉水体中的野杂鱼及蛙卵和其他敌害生物。

表3.1　清塘消毒表

药物种类	用量（千克/亩）		操作方法	毒性消失时间（天）
	水深<10厘米	水深<30厘米		
生石灰	100	150	用水溶化后立即全池泼洒	7～10
漂白粉[1)]	10	15	用水溶化后立即全池泼洒	3～5
茶粕[2)]		20	碾碎后加水浸泡一夜，兑水稀释后连渣带水全池泼洒	5～10
菊酯类[3)]		50毫升	水稀释2 000倍后均匀泼洒或喷雾	3～5

注：1）漂白粉有效氯含量为30%。
2）用茶粕三天后，需用二氧化氯（0.5克/米^3）消毒杀菌1次。
3）菊酯类杀虫后，需在放鱼苗前两天用生石灰（50千克/亩）解毒并杀菌1次。

3. 水体解毒

放苗前两天，针对不同的清塘消毒药物及池塘本身有可能残留的各种不同的毒物需彻底解毒清除后方可放养苗种。

解重金属的毒性：重金属成分复杂，一般水体中含有铜、铁、铬、镉、汞等，以溶解态和颗粒态两种形式存在。可选择乙二胺四乙酸（EDTA）和腐殖酸络合。

图 3.4　清塘消毒

解消毒剂的毒性：清塘使用漂白粉等氯制剂过量后，一般选择“硫代硫酸钠”解毒。

解氨氮、亚硝酸盐的毒：一般选择“有机酸、VC”等。

解杀虫药的毒性：一般酸性杀虫剂（如菊酯类），可用生石灰中和去除毒性。

4. 网箱设置

在土池内离岸边约 1.5 ~ 2.0 米的平坦处将四根竹竿按略大于网箱尺寸固定好，安装好平底（杉木框绷紧网底（图 3.5））的 60 目敞口网箱（规格为 2.0 米 ×1.0 米 ×0.6 米），网箱底部距池底约 30 ~ 40 厘米，保持与水面平行，每口网箱内设置 6 个充气石或 1 个长方形纳米管充气盘（规格为 1.6 米 ×0.6 米（图 3.6））与岸边的增氧泵相连以便增氧，池塘注水深度以网箱上方距水面 10 厘米为准，水下网箱深度约 30 厘米，一般池塘需要注水深度为0.7～0.8米。设置网箱的口数按总放苗量确定。网箱上部需架设遮阳网（图3.7）。

图3.5　杉木底框

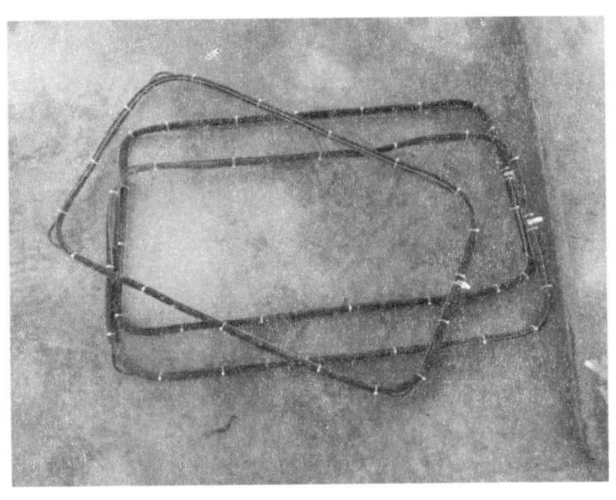

图3.6　纳米管充气盘

图 3.7　池塘内网箱上架设遮阳网

5. 水质培育

水温 23℃以上，清塘用药 3～5 天（药性消失）后开始加水（50～60 厘米）并肥水。一般每亩施生物鱼肥 3～5 千克，加少许发酵后的粪肥或泼洒发酵好的畜禽粪肥 100～300 千克，用水稀释后全池泼洒；亦可用艾蒿（图 3.8）、紫花苜蓿等嫩茎植物 150～200 千克/亩在池角堆沤（图 3.9）。每 3 天翻动 1 次，保证鱼苗下塘后有充足适口的开口饵料。施肥后 3～5 天，当灰白色的轮虫生长达到高峰并出现少量小型枝角类繁殖时放养鱼苗。

6. 拉网除敌害

鱼苗下池前 1 天拉密网，清除大型枝角类及其他敌害。

7. 鱼苗放养

（1）放苗的时间

放养的时间一般根据各地气候条件来确定，当水温基本稳定在 24℃以上

图 3.8　最好的肥水植物——艾蒿

图 3.9　池角堆肥养虫

时即可放鱼苗，一般在4月下旬至7月上旬。

（2）放苗的方法

放养前均应用“试水鱼”试水，确保毒性消失。方法是放苗前1天在培育池中架设一个小网箱或用其他容器盛池塘水适量，放入几尾黄颡鱼鱼苗或其他家鱼鱼苗，观察鱼苗的活动情况。如果活动、摄食正常，即可下池。

放苗时前1小时预先开机增氧，减少池塘水体的上下层水温差。在池塘中育苗区内将装鱼苗氧气袋放入池塘浸泡30分钟左右，打开氧气袋缓慢加入池水，平衡水温并让鱼苗适应水质，然后放苗入池。切忌鱼苗堆集。池塘和鱼苗袋中的水温差不得超过2℃。当遇到午间（12：00—15：00时）高温（超过30℃）时，不要进行放苗工作，以免因温差过大造成鱼苗应激死亡。

黄颡鱼“全雄1号”卵黄苗放养的时间节点推进见表3.2。

（3）放养密度

规格为2.0米×1.0米×0.6米的网箱可放卵黄苗15万~20万尾。

表3.2　卵黄苗暂养及开口技术作业指引时间节点推进表

序号	时间节点	培育方法	
		水泥池	池塘内设网箱
1	放养前10天	/	清塘消毒
2	放养前7天	/	解毒、注水
3	放养前5天	清洗消毒	施肥培水
4	放养前3天	注水	网箱设置
5	放养前2天	增氧遮阴设置	增氧遮阴设置
6	放养前1天	试水	试水、拉密网除杂
7	鱼苗放养当天	开启增氧机，放苗，开始孵化丰年虫	
8	放苗后1天	观察鱼苗是否“贴边”、试喂	
9	放苗后2天	喂丰年虫开口	
10	放苗后3天	放开口苗入大池	

二、水泥池流水暂养

1. 水泥池选择

为方便日常操作，用于黄颡鱼“全雄 1 号”卵黄苗开口的水泥池应选择边长小于 5 米的正方形或长方形水泥池，池深 0.8 ~ 1.0 米，可蓄水 0.6 ~ 0.8 米。池底整体平坦且带有一定坡度便于排水排污，并具备独立的进水、供气及排水管路。池顶搭建遮阳和防雨设施。

2. 清整消毒

已使用过的老池可直接排干池水，晾干后用 20 ~ 30 毫克/升高锰酸钾全池消毒一次，数小时后清洗干净即可注水使用；对于新建的水泥池要求至少经过 3 ~ 4 次的浸泡或特殊方式降碱处理后，再进行消毒、清洗、注水使用。注水时应在进水口设置 80 目网片过滤水体。

3. 水源与水质要求

天然河水、湖水及水库水体均可作为黄颡鱼“全雄 1 号”鱼苗培育池供水水源，要求无污染、水量充足，符合 GB 11607—89 渔业水质标准和 NY 5051—2001 无公害食品淡水养殖用水水质标准。

4. 鱼苗放养

（1）放苗的时间

放养的时间一般根据各地气候条件来确定。当水温基本稳定在 24℃ 以上时，即可放鱼苗，一般在 4 月下旬至 7 月上旬。

（2）放苗的方法

黄颡鱼“全雄 1 号”卵黄苗均采用塑料鱼苗袋带氧包装，鱼苗到达培育池后将装鱼苗的氧气袋放入水泥池中浸泡 30 分钟左右，打开氧气袋缓慢加入池水，平衡水温与水质，然后放苗入池。放苗时，池水和鱼苗袋中的水温相差不得超过2℃。

（3）放养密度

放养数量可根据不同的培育阶段与培育环境条件而定，以卵黄苗培育至开口1～2天鱼苗为准。水泥池培育放养密度一般为10万～15万尾/米^2，水质好且排注方便的水泥池可适当增加数量。

三、循环水系统暂养

1. 循环水系统的原理

养殖污水经物理、化学、生物方式处理达标后，可重新作为养殖水源。该系统在很大程度上节约了养殖用水，缩小了养殖面积，提高了养殖存活率。循环水系统一般分为室外封闭式循环水（图3.10）和室内封闭式循环水（图3.11）。

图3.10　室外封闭式循环水

2. 循环水系统暂养池的消毒

循环水暂养池的消毒与水泥池大体相同：已使用过的老池可直接排干池水，晾干后用20～30毫克/升高锰酸钾全池消毒一次，数小时后清洗干净即可注水使用；对于新建的水泥池要求至少经过3～4次的浸泡或特殊方式降碱处理后，再进行消毒、清洗。

图 3.11　室内封闭式循环水

3. 循环水系统进水

天然河水、湖水、水库水以及地下水均可作为循环水系统水源。进水前需对水体进行杀菌消毒处理，以防止有害病菌进入循环水系统。

4. 鱼苗放养

(1) 放苗的时间

由于循环水系统水温基本恒定，环境可控，故而循环水系统对于放苗时间没有严格的要求。

(2) 放苗的方法

黄颡鱼"全雄 1 号"卵黄苗均采用塑料鱼苗袋带氧包装。鱼苗到达循环水系统后，将装鱼苗的氧气袋放入水泥池中浸泡 30 分钟左右，打开氧气袋缓慢加入池水，平衡水温与水质，然后放苗入池，放苗时池水和鱼苗袋中的水温相差不得超过 2℃。

(3) 放养密度

放养数量可根据不同的培育阶段与培育环境条件而定。由于循环水系统进水含氧量较高，故放养密度相对于水泥池较大。以卵黄苗培育至开口1～2天鱼苗为准，循环水系统放养密度一般为25万～30万尾/米^2。

四、开口饵料的选择

传统的黄颡鱼卵黄苗开口和早期培育主要依靠池塘培育的轮虫、小型枝角类等生物饵料，受外界气候影响较大，有携带病原的风险，不利于工业化生产且劳动强度相对较大，限制了终端产业的开发。2012年5月，武汉百瑞生物技术有限公司的技术人员利用现代动物营养技术，筛选出黄颡鱼“全雄1号”适用的生物饵料和微粒饲料，探索出了一条鱼苗培育的新途径，从而解决生产实践中的规模化种业开发难题。

利用8个塑料箱分别投放500尾黄颡鱼“全雄1号”卵黄苗，选用以下饲料：①普通丰年虫：常规孵化出膜24小时内的丰年虫无节幼体；②强化丰年虫：丰年虫无节幼体经30毫升/米^3 DHA营养强化饵料～50DE～微囊充气强化6小时后的生物饵料；③微粒子饲料：山东升索渔用饲料研究中心生产的鮠鱼专用的S1号微粒饲料（图3.12）；④A1：广东越群海洋生物研究开发有限公司生产的悬浮性微粒；⑤A2：广东越群海洋生物研究开发有限公司生产的悬浮性微粒；⑥B1：广东越群海洋生物研究开发有限公司生产的悬浮性微粒；⑦A1+脱壳丰年虫：悬浮性微粒A1（75%）+脱壳丰年虫卵（25%）；⑧脱壳丰年虫：山东省友发水产有限公司生产。按X1～X8方案每天分别投喂4次（8：00时、12：00时、16：00时、20：00时）。投食量：第一天2克/箱，第2～7天，逐日递增20%，连续投喂约7天后，测量统计全长、体重和成活率等。试验过程中每天早8：00时前人工换水1/4，并虹吸排污。加强日常管理和水质监测，发现不利因素，及时解决问题。实验结果：开口成活率：普通丰年虫96.0%、营养强化丰年虫90.8%、其他配合饵料56.8%～83.2%；生长情况：全长：普通丰年虫1.23厘米、营养强化丰年虫

1.25 厘米、其他配合饵料 0.80～1.00 厘米；体重：普通丰年虫 21.83 毫克、营养强化丰年虫 20.03 毫克、其他配合饵料 10.10～15.10 毫克。

图 3.12　微粒饲料

结果表明，利用丰年虫或营养强化后的丰年虫作为黄颡鱼“全雄 1 号”卵黄苗的开口饵料，无论生长情况还是成活率均优于配合饵料组。选择人工孵化的丰年虫（符合《SC/T 2001—94 卤虫卵》标准）作为黄颡鱼“全雄 1 号”鱼苗开口饵料是最理想的选择。

1. 丰年虫孵化方法（图 3.13 和图 3.14）

采用专用锥底圆柱形孵化桶或普通塑料大口桶，容积在 60～300 升均可，利用自来水作为孵化丰年虫的水源；条件不成熟的也可用水质较好的河水、湖水及池塘水；孵化水温控制在 26～27℃（早期需要加温）；水体盐度

图 3.13　丰年虫孵化

图 3.14　丰年虫卵

20‰～30‰（即每 100 千克水兑 2～3 千克食盐或 98% 海水晶 3 千克）；酸碱度：7.5～8.0（自来水按每升水添加碳酸氢钠 0.2～0.3 克调配），孵化密度

（干虫卵（图 3.14））2～3 克/升；采用充气孵化方式，锥底圆柱形孵化桶从底部向上充气，以将整桶水体翻滚不留死角为准。

整个孵化过程中，早期可采用自然光或人工光照，中期至孵化阶段需要避光。一般孵化 24～30 小时后即可得到鲜活的丰年虫幼体（图 3.15）。

图 3.15　丰年虫幼体

2. 幼虫抽滤方法

待虫体全部孵化出壳后即可停止充气。使用透明孵化桶（有机玻璃桶），可使鲜虫快速集聚在光源侧，一般孵化设施不用采取此工序。一般停气后沉淀 8～10 分钟即可开始初次抽滤去壳。根据孵化桶中水体的数量，采用不同口径的钢丝软管进行虹吸操作，将距离水面 5 厘米以下的虫子全部抽出。倒掉桶中的剩余水及虫壳，清洗后将抽出的鲜虫带水倒回原桶，继续沉淀 8～10 分钟，即可开始第二次去死虫抽滤（孵化率高时可省去此操作）。抽虫时，将软管插入距离桶底 3～4 厘米处，待水体接近低位时，将桶体倾斜，抽至桶底仅剩死虫卵时即可。专用孵化桶内的鲜虫，经沉淀后可直接从桶底的排水口排出。

五、投喂方法

1. 鱼苗开口检查方法

卵黄苗转入暂养池后2~3天即可开口摄食。检查方法首先可观察鱼苗是否"贴边"（鱼苗散游至容器边缘贴靠）。若出现"贴边"，则先捞出数十尾鱼苗观察鱼体下腹部的卵黄囊是否消退。确定消退后，即可投入少量经抽滤干净的鲜活丰年虫。3~5分钟后观察鱼苗肚子内是否呈现橙红色。有此现象，即可确定鱼苗已经可以开口摄食了。

2. 投饵数量及方法

确定鱼苗已经开口后，即可开始投喂人工孵化的丰年虫（图3.16）。首次投喂，每100万尾鱼苗1次投喂1/4罐干虫卵（425克/罐）孵化的鲜活丰年虫（湿重约600~700克）。孵化后的丰年虫经沉淀、抽滤、清洗后，以培育池中的水加以稀释，沿培育池或网箱四周均匀泼洒投喂。开口当天需要投喂3~4次（约需要干虫卵1罐）。次日根据鱼苗生长速度，每餐次按10%~30%逐步增加投喂量（约需要干虫卵1.5罐）。

六、日常管理

每天勤巡池，注意观察鱼苗的活动情况和摄食情况，及时清除水泥池中残饵和排泄物，确保培育池中水质良好。

定期检查培育池中设备的运行情况。当鱼苗摄食2~3天后即分池进行夏花鱼种培育。

人工培育饵料不充足时，应及时追施肥料或人工捕捞原池中培养的天然饵料生物。坚持"四定"投喂原则，及时调整投喂量，防止严重缺氧浮头。

水泥池以及循环水系统暂养的应预算好开口时间，及时准备好开口饵料，

图 3.16　投喂丰年虫

过早或过晚开口都会影响鱼苗存活率。

水泥池以及循环水系统暂养需配备专门的消毒池。使用过的工具应及时消毒，以防止病菌传播。

第三节　夏花培育

夏花培育的方法常见的有池塘培育、水泥池流水培育以及循环水系统培育。

一、池塘培育

1. 池塘环境参数

(1) 水源

池塘要有专用的供水渠道，直通外部河流、湖泊、水库等，水量充足且稳定，无工业废水和生活污水污染。在水量不足的地区，可利用地下水补充。

注、排水方便。

（2）水质

除符合《GB 11607 渔业水质标准》和《NY 5051—2001 无公害食品 淡水养殖用水水质》的规定外，池水透明度要适应黄颡鱼养殖各个阶段的要求，控制在 20～30 厘米。水中溶解氧应在 5 毫克/升以上。

（3）水温

夏花培育的适宜温度为 22～30℃。

（4）池塘条件

鱼苗池面积为 3～5 亩，水深 1.0～1.5 米。池边坡度依土质 1∶1～3 不等。池底平坦且有一定坡度，一般为 1%。底质以黑色壤土为好，砂壤次之，淤泥厚度小于 20 厘米。池形为长方形，长宽比 2～3∶1。池向为东西向，池边无高大的遮阳建筑和树木，迎风向阳（图 3.17 和图 3.18）。

图 3.17 标准土池

图 3.18　标准护坡池

（5）环境位置

除按《GB/T 18407.4—2001 农产品安全质量无公害水产品产地环境要求》外，另要求光照充足，交通便利，电源配套，通讯顺畅，有条件的还应配备互联网终端设备。

（6）渔机设备

池塘按每 10 亩配备 1 台 2.2 千瓦的潜水泵；每 5 亩配置 1 台 1.5 千瓦的增氧设备。有条件的可配备底部充气设备。

（7）生产工具

夏花拉网、网箱、鱼筛、捞网、饲料肥料运输车辆等生产配套工具。

2. 清塘消毒与解毒

池塘清塘、消毒与解毒是夏花培育过程中的重要环节。具体方法可参照第二节“卵黄苗开口方法”内的池塘内设置网箱的池塘要求操作。

3. 水质培育的技术与方法

（1）施基肥时机

水温22℃以上，清塘用药5～7天（药性消失）后开始加水（50～60厘米）并开始施基肥。

（2）施基肥的技术与方法

方法一：施生物渔肥，按每亩3～5千克剂量兑水溶解后全池均匀泼洒，亦可根据使用说明适当添加，2～3天内水色呈现黄绿色最佳。

方法二：全池均匀泼洒用水稀释发酵好的畜禽粪肥，每亩100（鸡粪）～300千克（猪牛粪），也可选点泼洒。泼洒有机肥最好和相对应的菌种配合使用。

方法三：艾蒿、紫花苜蓿等嫩茎植物150～200千克/亩在池对角堆沤，每3天翻动1次，1周后逐渐捞出不易腐烂的根茎残渣，保证鱼苗下塘后有充足适口的饵料。

方法四：泼洒黄颡鱼专用生物饵料或鳗、鳖粉料浆：在池塘底泥（有机物）极少、水质较清瘦时，使用黄颡鱼专用生物饵料或鳗料、鳖料加光合细菌原液（10亿单位/升）或粪肠球菌原粉（60亿单位/克），比例为1:1，搅拌均匀后兑水成浆，沿池边泼洒1.0～1.5千克/亩，连续使用一个星期。

其他培水方法：如豆浆、花生麸、化肥等，与常规养殖相同。

（3）适度追肥

为保持和延长适口饵料生物高峰的时间，可根据水质适量追肥1～2次。以发酵有机肥为主时，每次有机肥用量为100～150千克/亩，加化肥5千克/亩（氮磷比为9:1）；若单用化肥每次用量为10千克/亩（氮磷比为4～7:1），3～5天使用1次。还可用复合肥和微生物有机渔肥，施用方法参见商品说明。

（4）水质标准

施基肥后3～5天，当灰白色的轮虫生长达到高峰、并出现少量小型枝角类繁殖时（少量虫体微红）即为最佳水质。其他时段按以下标准鉴别：一看水色：嫩绿色，褐黄色为佳；二看水体透明度：20～25厘米为宜；三取水样观察生物饵料生物量：鱼苗池应保持轮虫在5 000～10 000个/升，大型枝角类过多时，应使用药物杀灭后重新肥水。

4. 开口苗的放养

（1）放苗的时间

放养的时间一般根据各地的气候条件来确定。当水温基本稳定在24℃以上时，即可放苗。长江流域在5月中旬至7月上旬，南、北方有可能提前或推后。具体的放苗时间为晴天微风的上午。若遇高温，则可在早晨或晚上进行。

（2）试水测毒

鱼苗进池前一天，设置一小型网箱在欲放苗的暂养开口池内。在网箱内放入几尾鱼苗或乌仔夏花（品种不限），观察24小时。若生活正常无死亡，则可认为该池清塘后毒性已消失，可放养鱼苗。

（3）放养密度

放养密度一般根据各地的养殖条件及养殖技术水平决定，常规开口苗的放养密度以20万～30万尾/亩为宜。

（4）放养方法

① 检查鱼苗是否开口：用鱼苗盘捞出数十尾鱼苗，观察鱼体下腹部的卵黄囊是否全部消退。确定消退后，再观察是否已摄食丰年虫或轮虫、小型枝角类。鱼苗下腹部呈现橙红色，则说明鱼苗已经开口进食了。若开口率不足90%，则应先入暂养池或暂养网箱，继续投喂适口开口饵料；若90%以上的鱼苗已开口，方可正常下池。

② 检测池塘适口饵料生物的丰度：在鱼苗放养前两天，利用烧杯或透明玻璃杯在池塘取水约200毫升，对着强光处观察杯内“亮点”（主要为轮虫）

的密度，确定饵料生物的丰欠；再正常观察若有少量虫体微红，说明已有少量小型枝角类出现，正是放苗的最佳时机。

③ 放苗方法：放苗时池塘和鱼苗袋中的水温差不得超过2℃。在池塘上风处将鱼苗氧气袋放入池塘浸泡30分钟左右。待温差相差不大时，打开氧气袋，缓慢加入池水，平衡水温和水质，然后放苗入池。有条件的，可先放入网箱暂养2~3小时并开食后再入池。当池塘水温超过30℃，鱼苗不能直接下塘。应将鱼苗放入空调房（26℃左右），晚上20：00时以后下塘。下塘时仍需平衡水温和水质（图3.19）。

开口苗放养的时间节点推进见表3.3。

图3.19　平衡水温和水质

表3.3　开口苗放养技术作业指引时间节点推进表

序号	时间节点	工作内容
1	放养前两天	检测鱼苗池适口饵料生物的丰度
2	放养前一天	试水测毒、拉密网除杂
3	鱼苗放养当天	开启增氧机，放苗
4	放苗后一天	巡池、观察鱼苗活动状况

二、水泥池流水培育

1. 水泥池选择

为方便日常操作，用于黄颡鱼“全雄 1 号”夏花培育的水泥池应选择边长约 5 米的正方形或长方形水泥池，或直径约 5 米的圆形水泥池。池深 0.8～1.0 米，可蓄水 0.6～0.8 米，池底整体平坦、且带有一定坡度，便于排水排污，并具备独立的进水、供气及排水管路。池顶搭建遮阳和防雨设施。

2. 清整消毒与进水

该步骤与水泥池开口苗暂养基本一致。

3. 开口苗放养

该步骤与池塘培育夏花基本一致，放养密度 0.7 万～0.8 万尾/米^3 水体。水泥池缺少天然生物饵料，可从饵料培育池或天然饵料较多的池塘捕捞、消毒后，加入水泥池，或人工孵化丰年虫作为前期饵料。

三、循环水系统培育

该步骤与循环水系统暂养（参考第三章第二节）基本一致，放养密度 1 万～1.5 万尾/米^3 水体。

四、饵料的选择

放苗前期，池塘培育天然生物饵料、水泥池以及循环水系统采用人工孵化丰年虫，补充外源营养。待鱼苗长至 1.5 厘米左右，转投喂甲鱼、鳗鱼饲料或黄颡鱼专用粉料。鱼苗规格 2 厘米以上，开始驯化投喂破碎料。当鱼苗规格达 3.0 厘米以上时，开始投喂黄颡鱼专用的膨化颗粒饲料。

五、投饵与驯食

水泥池以及循环水系统由于缺乏天然饵料，需人工补充外源营养，多采用人工孵化丰年虫或专用的开口饵料。当鱼苗培育至1.5厘米时，开始转换饵料，投喂甲鱼、鳗鱼饲料或黄颡鱼专用粉料。方法是加水揉成团状放入饵料台。沉性饵料台的设置方法：水泥池以及循环水系统，采用20厘米×20厘米或直接为20厘米带框网片或塑料框，距离池底约20～30厘米水下，绳子定点固定。一般一个水泥池设置1个饵料台。当鱼苗规格达2.0厘米以上时，设置2～3个浮性饵料框，开始驯化投喂破碎料。当鱼苗规格达3.0厘米以上时，开始投喂黄颡鱼专用的膨化颗粒饲料（图3.20）。坚持检查饲料台剩料情况并及时清洗，调整投喂量，防止缺氧浮头。

投饵时间与投喂量：坚持"四定"投喂原则，每天投喂3次，分别在上午7：00时、下午17：00时和晚上21：00时。每天按500克/10万尾投喂，投喂量根据每天摄食情况适当增减，白天占全天投喂量的40%以下，晚上占60%以上。

六、日常管理

1. 分期加注新水

分期加注新水有利于提高鱼苗培育过程中鱼苗存活率和生长速度。鱼苗初下塘时，鱼体小，池塘水深应保持在60～70厘米。鱼塘下塘时保持浅水，有利于水温的提高，加速有机肥分解，促进天然饵料生物的繁殖。另外，黄颡鱼鱼苗活动能力较弱，具集群习性，水浅可以提高水体中浮游生物的密度，利于鱼苗摄食。经过一段时间的培育，鱼苗个体增大，水质会变肥变老。此时溶氧降低，不利于鱼苗生长，适当加注新水，可以提高水位和水质，增加水体溶氧，促进浮游生物的繁殖和鱼体生长。生产中一般3～5天注水一次。

图 3.20　人工投喂饲料

鱼塘加注水时应注意加水时间和加水量。加水时间应安排在晴天的上午，每次加水时间不宜过长。鱼苗有逗水习惯，加水时间过长，会过度消耗体力。注水口设置密网，防止野杂鱼等其他敌害生物进入池内。每次加水量 10 厘米为宜。加水的同时，配合投饵来调节水质，使水中营养盐与浮游生物保持动态平衡。

水泥池以及循环水系统一直处于流水状态，故可省略该步骤。

2. 巡塘/车间巡视

鱼苗培育要精细化管理。稍有疏忽，容易影响鱼苗成活率。在培育鱼苗期间，要坚持每天早晚巡塘，观察鱼苗活动情况及水色的变化情况，确定投喂量。如果日出前有轻浮头、受惊后立即下沉，说明鱼苗放养量适中；如日出后鱼苗仍有浮头，说明有缺氧现象，必须加注新水，或开增氧机，增加溶氧。

车间日常巡视，观察鱼苗摄食情况、生长状况以及系统运行是否正常。

3. 防病

黄颡鱼鱼苗阶段，由于体质相对较弱，容易发生一些疾病。为防止各类疾病的发生，在管理上要注意保证鱼苗良好摄食，增强体质；控制好水温，使温差不要过大，一般水温保持在28℃左右。同时使用一些药物进行预防，如在饲料中添加一些广谱性抗菌药。

水泥池以及循环水系统应专门配备工具消毒池和工具清洗池，方便各种工具的消毒以及清洗，以防止各类病菌滋生及传播。

七、捕捞与运输

1. 夏花捕捞

出池规格：鱼苗经过20天左右的培育，全长达3厘米后，即可出塘。

拉网练鱼及出塘：夏花鱼种出塘前须经2～3次拉网练鱼。每次拉网前应清除池中的杂草、污物。第一次应将鱼苗拉入网中，观察鱼的数量及生长情况，将鱼苗密集网中1～2分钟后，立即撤网放回鱼池。隔日拉第二网，若需长途运输，需再隔一日拉第三网后出塘。

夏花起捕（图3.21）应选择在晴天早上或黄昏时进行，这时气温不高，水体温差不大，鱼类适应性强，成活率高。由于黄颡鱼为无鳞鱼，鱼苗捕捞过程中，相互之间容易刺伤。生产上一般在鱼苗分池下塘前用1%盐水浸泡消毒。

2. 夏花运输

与亲鱼运输基本一致，具体参考第二章第二节第二部分：亲鱼的运输。

图 3.21　夏花起捕

第四章
大鱼种及成鱼养殖

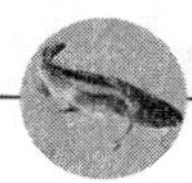

第一节　池塘主养黄颡鱼“全雄1号”

一、池塘条件

池塘是养殖鱼类栖息、生长、繁殖的环境，所有增产措施都是通过池塘来完成的。池塘条件的好坏直接影响养殖效果。在可能的条件下，应采取一切措施，创造适宜的环境和条件，以提高池塘养鱼的产量和经济效益。池塘环境条件主要包括池塘形状、池塘位置、水源与水质、面积大小、水深、土质以及周围环境等。

1. 池塘位置

养殖池塘一般建在水源充足、水质良好、交通、电力使用方便的地方，使之既有利于注、排水，能较好的进行饲喂养殖作业，又有利于鱼种、饲料的运输工作。池塘四周应没有高大树木和建筑物。另外，周边环境要适宜鱼类生长，不能有噪音污染和响声惊扰。

2. 池塘形状

鱼池走向和形状对养鱼生产十分重要，特别是成鱼池更应该注意池塘形状。根据我国气候特点，成鱼池一般以东西长、南北短的长方形池为宜。由于我国气候特点，夏季多刮东南风或西南风。东西走向的鱼池受风面广，水面容易掀起波浪，池水可以自然增氧，有利于池水中有害气体的逸出，减少浮头。另外，东西走向的鱼池水面光照时间长，有利于浮游植物光合作用。长方形的鱼池整齐划一，不仅外形美观，更有利于鱼池管理、拉网练鱼、投饵施肥。一般鱼池的长宽比以 5:3 或 2:1 为宜。

3. 面积和水深

合适的池塘面积能够为鱼类提供适当的活动空间。池塘受风力的作用，既可以增加池水的溶氧量，表层水和底层水也能借风力作用不断对流混合，有利于改善底层水的溶氧。养殖水体面积大，池水水质稳定，不易发生水质恶化等事故。但池塘面积也不宜过大，面积过大，会造成投喂、捕捞、防病困难，日常管理不便。池塘面积过小，受风面积也小，池塘水环境不稳定，不利于鱼类生长，并且占用的堤埂多，相对缩小池水面积，降低了土地利用率。一般成鱼养殖池最大，鱼种池和育苗池次之。根据目前饲养管理条件，成鱼池塘面积 5 ~ 10 亩，鱼种池面积为 5 ~ 8 亩。

一寸水养一寸鱼。养鱼池的水深应根据鱼的大小和气候条件而定。一般小鱼春秋季水浅，大鱼夏秋季水深。成鱼池要有足够的蓄水量。水位较深，水质稳定，水温变化缓慢，能保证鱼类快速生长。但池水过深，底层水由于光照弱，水温低，水交换慢，有机物分解耗氧大，易造成底层缺氧，这对营底栖生活的黄颡鱼生长十分不利。实践证明，黄颡鱼成鱼池水位应保持在 1.5 ~ 2.0 米的范围内。初期水位 1.5 米左右，之后随着水温升高，鱼体生长，加注新水，增加水深，保持在 2.0 米左右。

4. 水源与水质

池塘主养黄颡鱼，要求有良好的水源条件，以便于经常加注新水（图4.1）。由于池塘内饲养鱼类密度较大，投饵量的增加容易导致水质恶化，溶氧减少，增氧机的使用可减轻鱼类浮头，但不能从根本上改善水质。因此，良好的水源条件显得尤为重要。池塘的水源以无污染的河水、湖水为宜。这种水溶解氧含量高、水质良好，水中对鱼类有害物质含量少，适宜鱼类生长。在水量不足的地区，可利用地下水补充。井水作为养殖水源时，由于其水温和溶氧较低，使用时应在进水口下设接水板，水落到水板上溅起后再流入池塘，以增加水温和溶氧。水质标准应符合 GB 11607 和 NY 5051 的规定，且池水透明度应控制在 20～30 厘米，水中溶解氧在 5 毫克/升以上。

图 4.1　池塘主养

二、放养前的准备

黄颡鱼“全雄 1 号”放养前，池塘要进行清整与消毒。池塘清整是改善养鱼环境条件的重要工作。从最近几年的池塘跟踪和对比看，年底的池塘淤泥深度、淤泥内有机物含量对第二年养殖过程影响非常大，包括水质的稳定性、溶解氧的含量变化、各种疾病（寄生虫性疾病、细菌性疾病）等。池塘经过一段时间养鱼，淤泥越积越厚，水中有机质增多，大量有机质经细菌作用氧化分解，消耗大量溶氧，使池塘下层水处于缺氧状态。水质变坏，水体酸性增加，病菌易大量繁殖，使鱼体抵抗力减弱。

池塘的清整首先是晒塘。一般在干塘之后可以进行晒塘。通过紫外线及空气中的氧化作用，可以杀死池塘底泥表层中的各种病原体。方法是挖“田”字形或“井”字形的沟，沟宽30～40厘米，深40厘米，最好达到池塘的硬底。一般晒塘15天左右，可使底泥裂缝宽度在2～3厘米，脚踩踏在底泥表面有一定弹性。挖取池塘底泥，20厘米内的淤泥颜色不发黑或接近土壤本身颜色。

黄颡鱼成鱼池塘的底泥应小于20厘米。对于淤泥过厚，水深低于1.5米的池塘，需要清淤。清淤时要有意识地将池底改造成一头高一头低，坡比1∶3左右。另外，在靠近排水口的一边加深到2.2米左右，面积占池塘面积的15%。

清淤之后是清塘。清塘可以进一步清理淤泥内的病原体和野杂鱼，促进淤泥内的有机物进一步分解。清淤具体方法参考第三章第二节。

清塘一周后可以向池塘中加水。加水时必须使用滤网过滤，避免野杂鱼等水生生物进入池塘。使用60目的纱网做成宽40厘米、长7米左右的网袋，一端开口。使用时将开口一端套在水泵出水口。加水结束后取下滤网，去除杂物后晾干保存，不要长期套在出水口上。

放苗之前需培肥水质，能促进鱼种体质快速恢复、降低后期的发病率。同时还能避免塘底长青苔。水质培肥的具体方法见第三章第二节。水质培肥后，可以在试水后直接投放鱼苗。

三、放养模式

为充分利用池塘的水体空间，一般主养黄颡鱼的池塘可以搭配一些在生态位和食性上没有冲突的其他鱼类，即为池塘 80∶20 养鱼模式。

淡水池塘 80∶20 养鱼的基本概念是，池塘在收获时，其产量的 80% 是由以后总摄食颗粒饲料的、较受消费者欢迎的高价值鱼组成，称之为主养鱼（如青、草、鲤、鲫、鲂等）；而其余 20% 左右的产量则由被称之为"服务性鱼类"所组成，如滤食性鱼类（有利于净化水质）和肉食性鱼类（有助于控制野杂鱼类及其他竞争对象）。黄颡鱼主养可采用 80∶20 养鱼模式。例如亩放养 10 克左右的冬片鱼种 8 000～10 000 尾，可搭配 15～20 厘米的花、白鲢鱼种 150 尾调节水质。花、白鲢为滤食性鱼类，主要以浮游生物为食，少量放养可以有效控制池塘中浮游生物的过量繁殖，起到调节水质的作用。池塘缺氧时，花、白鲢较容易浮头，其浮头可作为池塘缺氧的预警标志。

需要注意的是黄颡鱼主养池塘不可投放鲤鱼、鲫鱼等杂食性底层鱼类。它们与黄颡鱼食性相似，争食能力要比黄颡鱼强得多，往往使黄颡鱼摄食处于劣势，影响黄颡鱼的生长，降低黄颡鱼主要产量。

80∶20 池塘养鱼技术除了产量不如传统养鱼技术高以外，其他众多因素都比较先进。其对生态系统的控制程度较高，对于生产结果比较容易预测，符合生态学和经济学方面可行性和可持续性标准，对环境的影响程度小。另外，80∶20 养鱼技术产生的废物少，不需要大量换水，对各种资源的利用率较高，是广大养殖户值得借鉴的养殖技术模式。

通过近年来的数据分析和比较，发现在华中地区 75∶25 模式比较适合。目前在华中地区 80∶20 模式存在以下问题：一是后期水质调控难度大，水体肥度高，蓝绿藻容易大量繁殖，使水体中有毒、有害物质含量超标，导致鱼的摄食和生长差；二是在 80:20 模式下，大量藻类不能被有效利用。虽然短期内可以通过光合细菌抑制藻类的生长，但营养盐并没有排出水体。在 75:25 模式下，藻类被滤食性鱼类转换利用，营养盐最终被带出水体，变废为宝。

当然，滤食性鱼类投放过多也有问题。由于藻类生长赶不上被滤食的速度，导致水体自身产生氧气不足，在氧含量不够的情况下，不仅鱼的生长摄食，甚至生存都会受到影响，而且死亡的藻类、粪便和残饵等的分解按照缺氧模式进行，产生有毒有害物质。池塘藻类数量下降，水体更容易浑浊，一部分不容易被滤食性鱼类消化的藻类在藻相中占据有利地位。一旦投放肥料，蓝藻等有害藻类会迅速繁殖并危害鱼体健康。

四、饵料选择

黄颡鱼养殖主要选用黄颡鱼专用配合颗粒饲料，以免造成黄颡鱼体色发生变化。应根据鱼种规格大小选择适宜的颗粒直径，既可选用沉性，也可选用浮性颗粒饲料。投喂浮性配合饲料，容易把握投料量，减少浪费，便于观察鱼类活动情况，发现问题可及时处理。一般配合饲料的蛋白质含量要求在 36% ~40% 。由于黄颡鱼为广食性偏肉食性鱼类，在投喂人工配合饲料的同时，如果有条件还应辅助投喂鱼肉、动物内脏等动物性饲料，以补充黄颡鱼对动物性蛋白质的需要（表 4. 1）。

表 4. 1　鱼种规格与饲料规格对应表

鱼种规格（厘米）	1. 5 ~ 3. 0	3. 0 ~ 4. 0	4. 0 ~ 6. 0	7. 0 ~ 10. 0	10. 0 ~ 15. 0	> 15. 0
饲料粒径（毫米）	粉料	0. 8	1. 0	1. 5	2. 0	3. 0

五、饲养管理

1. 食台设置

每个鱼塘设置3~5个食台，食台距塘边2米，饲料投放到食台中间让鱼采食。食台用四根3米长的竹竿垂直插在鱼塘水中，成2米×2米正方形，然后将20目网片的四个角分别固定在竹竿上，网片距塘底30厘米，四边拉直，呈向上开口容器。浮性饲料也应在水面做成框形饲料投喂台，以免饲料随风飘走。

2. 投喂方法

鱼种入池2~3天后，开始投饲。投喂方法可采用人工与机械投饵两种形式。投喂采用“四定”和“四看”，定时、定点、定质、定量投喂饲料。

定时：黄颡鱼在自然状态下的摄食行为，受光线强度、温度高低等影响较大。摄食行为多表现为昼夜节律性变化。黄颡鱼的摄食行为是一种条件反射式的生理活动，通过人为驯化可以一定程度地得以改变。因此，在人工养殖条件下确定投饵时间，既应考虑其原有的摄食节律，也可以通过一定的时间和手段的驯化，使其改变夜间摄食的习性，便于生产管理，提高饲料利用率。投饵时间一旦选定或经驯化后已经形成定时摄食行为，则不宜经常变动投饵时间，以免扰乱其摄食节律。夏天气温较高时，投饵在上午7：00—8：00时和18：00—19：00时进行。

定点：对群栖性的黄颡鱼来说，定点投喂是必要的，这样既便于检查鱼的摄食情况，及时掌握投喂量，也易于清理残饵和防治疾病。必须在池塘中搭设用竹筛、20目以上的网布制成的食台，使黄颡鱼养成在饵料台上摄食的习惯。如果有些地方池塘底部淤泥极少，可在池塘四周固定几个投喂饲料点。

定质：就是要确保饲料的质量，在饲养中不投喂霉烂的饲料，投喂的饲料质量要基本稳定。时常变换饲料配制方式，往往影响黄颡鱼正常摄食。自行配制生产的配合饲料必须加工到一定的细度，如细度不够，将直接影响到黄颡鱼的消化吸收。

定量：日投饲率在夏季一般掌握在鱼体重的3%～5%，日投饲2次，喂九成饱即可；春冬季1%～2%，采用饱食法，日投饲1～2次。考虑黄颡鱼晚间摄食的生活习性，上午投喂全天量的1/3，下午投饵量占2/3，以鱼吃饱不剩残饵为度，确保鱼类健康生长。

所谓“四看”，就是掌握了日投饲量后，还得看季节、看天气、看水质、看鱼的吃食与活动情况，以确定实际投饲量，适时适量进行调整。

看季节：根据不同季节调整投饲量，通常是6—10月为投饲的高峰月；3—5月及11月，投喂少量饲料；冬季12月至翌年2月水温过低，可不投喂饲料。

看天气：根据当天的气候变化决定当天的投饲量，如阴晴骤变、酷暑闷热、雷阵雨天气或连绵阴雨天，要减少或停喂饲料。

看水质：根据池水的肥瘦、老化状况确定投饲量。水色好、水质清淡，可正常投饲；水色过浓、水蚤成团或有泛池的征兆，就停止投饲，等换注新水后再喂。

看鱼的吃食与活动情况，作为确定投饲量的直接依据。如池鱼活动正常，在1小时内能将所投喂的饲料全部吃完时，可适当增加投饲量，否则就应减少投饲量。

六、水质管理

1. 加注新水

前期水深控制在1.5米左右，后期逐渐加深至2.0～2.5米。高温季节每7～10天注水1次，其他季节10～15天注水1次，每次注水量15～30厘米，保持池水溶解氧在5毫克/升以上。

2. 药物调节水质

①每月用生石灰20克/米^{3}化浆全池泼洒1次。

②每15天在食场和增氧机处，用2千克漂白粉或5千克生石灰化浆泼洒1次，进行局部消毒，保持池水pH值7.0～8.5。

③增氧机调节水质：根据天气和水质变化情况，在凌晨和午后定时开机增氧。

④微生物制剂调节水质、底质：高温季节可用光合细菌、枯草芽孢杆菌等改善水质和底质。

⑤定期使用磷肥（1.5千克/亩）改水。

第二节　池塘套养黄颡鱼“全雄1号”

一、池塘条件

水质溶氧要求较高，溶氧在5毫克/升以上，pH值为7～8.5。黄颡鱼不耐低氧，需要经常加注新水，保持水中溶氧丰富。一般5—6月15天加注新水一次；7—9月每7～10天加注新水一次，每次加水10～15厘米，保持水质肥、活、嫩、爽，透明度在30厘米左右。黄颡鱼为杂食性鱼类，不投专门黄颡鱼饲料的情况下，要保证较丰富的天然饵料（浮游生物、水蚯蚓、小鱼虾、水生昆虫、底栖动物等）。

套养池塘一般5—6月，每月用杀毒剂消毒一次，用生石灰15～20千克/亩全池泼洒；高温季节每7～15天用杀毒剂消毒一次，以减少病害的发生。黄颡鱼对硫酸铜、高锰酸钾、敌百虫等药物比较敏感。鱼池防治鱼病时，可用氯氰菊酯溶液等其他药物。

二、套养模式

由于我国池塘养鱼的模式有多种，因而根据不同养殖鱼为主体的模式进行不同数量的黄颡鱼搭配，是提高效益的重要保证。需要注意的是，在与食性上相同的鱼类放养模式中，要考虑这些鱼的抢食能力是否比黄颡鱼强等方面因素。

1. 以滤食性鱼类为主的模式套养黄颡鱼“全雄1号”

滤食性的养殖鱼类主要有鲢、鳙等。它们作为主养鱼，生活在水体的上层或上中层。此种模式中的配养鱼种有草鱼、鳊、鲂、鲤、鲫和罗非鱼等。从食性看，鲢、鳙以过滤浮游生物为食物，草鱼、鳊、鲂是以草类为主要食物，鲤、鲫和罗非鱼则是以杂食性为主的鱼类。由食性可知，这种模式中，主养鱼类鲢、鳙及主要配套鱼类草鱼、鳊、鲂与黄颡鱼生活的水层和食性上没有矛盾，作为次要配套鱼的鲤、鲫和罗非鱼与黄颡鱼存在着一定的食性矛盾。因而，在此种模式的鱼种放养中应减少鲤、鲫和罗非鱼等杂食性鱼类。

一般来说，套养黄颡鱼不需要单独为其投喂饲料，但其放养量根据池中小杂鱼、小虾、小螺以及其他饵料生物数量决定；同时，要考虑到鲤、鲫和罗非鱼等食性相近鱼类的数量而决定放养量；还要根据以鲢、鳙作为主养的养殖模式设计产量而定，这种模式有400~600千克的设计产量。因而，放养黄颡鱼中，投放夏花鱼种（2~6厘米）和冬片鱼种（8~15厘米）的数量不同。通常在有一部分鲤、鲫时，每亩放养2~3厘米黄颡鱼夏花200~400尾，放养5~6厘米的鱼种150~200尾；在没有鲤、鲫等杂食性鱼种时，黄颡鱼放养量可加大至上述的0.5~1倍。在投放黄颡鱼冬片鱼种时，每亩放养50~150尾。

2. 以草食性鱼类为主的模式套养黄颡鱼“全雄1号”

草鱼、鳊、鲂的食性为水草、部分陆生草类，还摄食人工配合饲料，通常称其为草食性鱼类。一般来说，以草食鱼类为主的养殖模式中，配套放养的鱼类有上层水体生活的滤食性鱼类鲢、鳙，有生活在底层的杂食性鱼类鲤、鲫等，还有少量搭养的肉食性鱼类鳜、乌鱼和青鱼等鱼类。以草食性鱼类为主的放养模式的特点是池中鱼类以草食性为主，池中的剩饵和残饲较多，同时吃食鱼的粪便中也有大量未消化的营养成分，这些能为黄颡鱼提供丰富的饲料，加之设计生产效果为高产高效时，必须有增氧机等渔机设备，为黄颡鱼的生活环境营造了良好条件。以草食性为主养的模式中，套养黄颡鱼的数量可以比滤食性主养模式大一些。一般每亩放养2~3厘米的黄颡鱼夏花鱼种350~450尾，冬片鱼种100尾左右，这里指的是有少量杂食性鱼类时。严格地说，设计套养黄颡鱼时，应不考虑放养鲤、鲫和罗非鱼鱼种，或者少放一点。这样的话，黄颡鱼鱼种的放养可适当考虑增大。

3. 以肉食性鱼类为主养的模式套养黄颡鱼“全雄1号”

青鱼、乌鱼、鳜、鲈等是以个体较大的水生动物（如鱼类、虾类、螺类等）为主要食物，被称为肉食性鱼类。这种养殖模式目前开展不是很广泛，地域也较受局限，其配养鱼类有鲢、鳙、草鱼、鳊、鲂等。考虑到乌鱼、鳜等生活在水体中层或中下层，且食性上与黄颡鱼没有矛盾，故可套养黄颡鱼以利用水中的剩饵残饲及主养鱼类不能利用的小鱼和小虾等。但考虑到主养鱼有误食黄颡鱼的可能，故黄颡鱼放养应以冬片鱼种为主，这样能够依靠其坚硬的3根刺（2根胸刺、1根背刺）保护自己。放养密度每亩投放冬片鱼种150尾左右。有人提出能否放养夏花鱼种，每亩放养500~600尾。放养时间在主养鱼长至10~12厘米后，即待主养鱼类对人工配合饲料有了依赖性后再放黄颡鱼。究竟效果如何，有待进一步探索。

4. 以杂食性鱼类为主养的模式套养黄颡鱼“全雄1号”

鲤、鲫和罗非鱼等摄食范围广、食性杂，被称为杂食性鱼类。这些鱼在食性上与黄颡鱼相近，具有一定的矛盾。只有当池塘各类饲料充足时，才能放养黄颡鱼的夏花鱼种。当然，从理论上看，套养黄颡鱼冬片鱼种不会有多大的问题，因为此时的鱼种个体大，有坚硬的3根刺保护自己。一般来说，套养2~3厘米的黄颡鱼夏花鱼种每亩为300尾左右，投放冬片黄颡鱼数量为每亩50~80尾。

5. 以河蟹为主养的模式套养黄颡鱼“全雄1号”

河蟹的食性是以动物性为主要食物的杂食性，生活水层为底层，这些与黄颡鱼相矛盾。但实践初步证明，河蟹池塘套养黄颡鱼能获得较好效益。主要是因为河蟹在池中以螺蚬等为主要食物，也能很好地利用人工配合饲料。加之河蟹胆子较小，易受惊吓，在黄颡鱼的胸刺和背刺的威胁下，河蟹一般不会摄食黄颡鱼，这在多年的河蟹胃食物解剖中已充分证明。

三、套养管理

套养饲养管理按常规养鱼操作规范进行，具体参考第四章第一节“饲养管理”。

第三节　网箱养殖黄颡鱼“全雄1号”

一、环境条件

网箱饲养黄颡鱼“全雄1号”的水体，是饲养成败的关键。饲养点应选择在允许网箱养殖的大中型的湖泊、水库等水域中及池塘，且应具备以下条件：

最好选择在水库上游的河流入口处，或水库坝下的宽阔河道中。此类地点，水体为微流水，水质清新，透明度0.4米左右，溶氧在5毫克/升以上，

pH 值为 7～8.4，有机物耗氧量小于 1.0 毫克/升，氨氮含量低于 0.02 毫克/升，亚硝酸盐在 0.01 毫克/升以下，适合高密度网箱养殖黄颡鱼。

水流和风浪有利于促进网箱内外水体交换，使箱内溶氧不断得到补充，还便于消除残饵、粪便，改善水域环境。这是网箱养殖能在高密度下获得高产的基础。但是，水体交换量要在黄颡鱼对水流、波浪的适应范围之内。根据黄颡鱼对流速的耐受力和各地养鱼的经验，网箱设置水域流速，宜选在 0.05～0.2 米/秒的范围内及风力不超过 5 级的淌水处为宜。

水深在 3 米以上，底部平坦，离岸相对较近，是网箱养殖较理想的条件。水深 3～6 米最合适，这样网箱本身深度可为 2～3 米，网箱底到水底还可留出 1～2 米的空隙，使水体有所流动，水质不易恶化。浮动式网箱，在水较浅的湖泊中，当水量发生变化时，就容易发生网箱搁浅现象，如遇大风浪，还可能会将网箱连底翻转。

选择避风、向阳、日照条件好的场所。网箱养殖（图 4.2）的主要季节在 3—11 月，因此，主要应考虑的是避开东南风的吹袭。一般网箱养殖基地，设置在湖泊或水库的东南面或东北面，这样可避开上述风向，防止网箱在水体中被风浪吹翻，且日照时间长，容易提高水温。

二、网箱的选择与装配

1. 网箱的形状和大小

网箱的平面形状有长方形、正方形、多边形、圆形等多种，以长方形和正方形最为多见。网箱的大小可分为 3 类：大型网箱，面积为 60～100 平方米；中型网箱，面积 30 平方米左右；小型网箱，面积在 15 平方米以下。养殖黄颡鱼的网箱规格一般选择中小型网箱，其具体规格按照投放苗种的规格而定。放养 2 厘米左右的苗种，需要准备 1～3 级不同网目的网箱。如果投放 5 厘米长的鱼种，则只需准备 2 级不同网目的网箱。苗种网箱 1 级为 20 目左

图 4.2　网箱养殖

右网布做成 2.0 米 ×1.5 米 ×1.5 米，3.0 米 ×2.0 米 ×1.5 米规格的网箱；2 级网箱网目为 0.4 ~0.5 厘米经编无结节聚乙烯敞口网箱，规格为 2.0 米 ×1.5 米 ×1.5 米，2.0 米 ×2.0 米 ×1.5 米；3 级网箱网目为 0.8 ~1.0 厘米，规格为 4.0 米 ×4.0 米 ×2.0 米，5.0 米 ×5.0 米 ×2.5 米；成鱼网箱选择网目为 1 厘米、1.5 ~2.0 厘米的聚乙烯网箱，规格为 10 ~30 平方米。外箱网目应大于内箱网目，一般选用 2.0 ~2.5 厘米。

实践证明，在相同的水域条件下，相同形状的较小的网箱生产能力比大型网箱大。这是因为随着网箱增大，网箱的体积与网箱侧面积的比值随之下降，即网箱内单位体积所占有的水体交换面积减少，所以较小网箱内的水体条件要优于较大的网箱。长方形网箱，若箱体长而狭，受风和水流作用较大，水的更新能力较大。

2. 网箱高度

黄颡鱼为底栖鱼类，且喜栖息于弱光环境下，不善于跳跃，网箱上纲只要高出水面10~20厘米即可。网箱深度一般控制在1.5~2.5米。

三、网箱的设置

网箱在水体中的设置方式，应根据水域条件、培育对象、操作管理及经济效益等方面加以考虑。设置方式适当与否，影响到网箱养殖的产量。设置方式既要考虑到管理的方便，把网箱相对集中于一定区域；又要保持一定间距，不影响水流交换和鱼类生长。网箱排列应尽可能使每只网箱迎着水流方向，一般呈"品"字形或"梅花"形，使之相互错开位置，以利于网箱内外水体交换。

1. 网箱的固定方式

（1）浮动式

其特点是网箱可根据水位变化自动升降，可使网箱内的体积不因水位升降而变化。浮动式网箱又可分为封闭框架式、封闭柔软浮动式、敞口框架式等。浮动式有单箱单锚（或双锚）固定式和串联固定式两种。单锚固定的网箱可随着水位、风向、流向的变化而自动漂动与转向，但抗风浪能力较小。串联固定是由多个网箱（一般为4~6个）以一定间距串联成一行，两端抛锚固定。网箱间距为3~10米，而行间距离应在10米以上。

（2）固定式

网箱固定在四周的桩上。通常在桩上安有铁环或滑轮，与网箱上下的角相连接。调节铁环位置及滑轮上的绳索，可保证网箱可随水位变化而升降。因为固定式网箱箱体距水底的深度，一般不随水位变化而升降，但箱体入水深度随水位的变化而变化。所以需通过人工方式调整箱体入水深度。大多数敞口式网箱用于水位比较稳定的浅水湖泊及水网地区的河道中，具有成本低、操作简便、管理方便、抗风浪强等特点。

（3）下沉式

整个网箱全部浸没于水中，水位变化不影响网箱的有效容积，网衣上附着生物较少。缺点是投饵和操作管理不便。在我国北方地区多用于苗种或成鱼越冬。

网箱的布局多采用“一”字形单排结构，每4只箱为1组，也可采用“非”字形双排结构，每4只箱为1组，用铁丝捆扎，分组装配；人行通道的装配，一般以每组箱架的长度为通道的长度，宽度为0.6～1.0米。“非”字形布箱的通道设在两列箱架之间；“一”字形布箱的通道设于箱架的近岸侧。每组通道的总浮力不得小于20千克，通常可由2～3层并列捆扎的毛竹构成。

四、鱼种放养

鱼种放养规格与网箱养鱼效果密切相关。从理论上讲，鱼类的体重增长速度，大规格鱼种快于小规格鱼种。另外，放养大规格鱼种可以缩短养殖周期，大大提高网箱养鱼的养殖效率。显然，放养大规格鱼种比小规格鱼种经济效益好。但是，在实际生产过程中，往往是采购小规格鱼种入箱，逐级培育成大规格鱼种，再转入成鱼饲养阶段。这是因为：其一，很难找到大批量大规格鱼种入箱，往往只有小规格鱼种供应；其二，大规格鱼种难以打包、运输，运输过程造成的损伤和死亡率较高，入箱后也容易造成大批鱼种感染发病；其三，由于鱼种是从池塘饲养状况突然变成网箱饲养状况，环境和投饲等方面都发生了很大变化，规格大的鱼种往往较难适应新环境，驯化效果差。而规格越小的鱼种越容易适应新环境，驯化效果较好，能很快转入正常吃食生长。

因此，黄颡鱼放养时采用逐级分级放养的方式。黄颡鱼的网箱饲养，通常分为4级进行。第一级从2厘米养至4厘米左右。该级饲养阶段，由于鱼体个体小，密度比较高，一般投放密度为 1 000 ~ 1 500 尾/米^2；第二级从 4 厘米长饲养至 5 ~ 6 厘米长。该阶段投放密度一般为 800 ~ 1 000 尾/米^2；第三级从 6 厘米长饲养至 8 厘米左右。投放密度为 500 ~ 600 尾/米^2；第四级则从 8 厘米长饲养至上市规格。该阶段投放密度比前几级要低，一般为 300 ~ 400 尾/米^2。按黄颡鱼规格大小分级饲养，有利于其同步生长及摄食，缩短其养殖周期，一般在 11—12 月即可达到上市规格。

五、饵料投喂

网箱饲养黄颡鱼过程中，有效地掌握投饲是提高饲料转化率、促进鱼体快速生长的关键。在入箱后 1 ~ 2 天内，是黄颡鱼鱼种对新环境的适应阶段，一般不投饲，到了第三天才开始投饲。投饲初期，需要用适度的响声作预示，然后再开始慢慢驯食，使其形成一种条件反射。一听响声，就会自动聚集到饲料台前等待投饲。驯食刚开始，要在鱼群饥饿的情况下进行。一般情况下，黄颡鱼在 1 周后就能养成集群自动寻食的习惯。如果投饲初期驯化比较成功，当水温达到 15℃以上时，即可采用渐进的投饲方法安排投饲量，即：1 ~ 3 天投喂鱼体重 1% 的饲料量，3 ~ 6 天投喂鱼体重 1.5% 的饲料量，7 天以后可采用正常的饲料量进行投喂。在鱼群聚集良好的情况下，每天投饲量占总体重的 4% ~5%。当水温超过 32℃时，应该减少投喂量或停喂。每日具体投饵量还应根据天气和鱼的摄食情况来确定。在投喂颗粒饲料时，要根据摄食鱼的数量逐渐调整投喂饲料的数量和快慢，掌握“慢—快—慢”、“少—多—少”的原则。开始投喂时，摄食鱼的数量较少，投饵的动作要慢，数量要少。随着摄食鱼数量的增加，要逐渐加大投饵的数量，加快投饵的频率。当摄食鱼的数量逐渐减少时，就逐渐减少投饵量和投饵频率。

在网箱养鱼生产过程中，当遇到以下特殊情况时，应考虑减少投饲：

①在遇到风浪大、水流急、水质混浊时，应注意及时适当减少投喂量或

改变投喂时间，避开这些不利因素。

②当遇到气温、水温突降，连续阴天或小雨绵绵时，则可能会出现缺氧或水质突变，这时也应减少投饲量，或下午减少一餐，防止鱼饱食后在夜间因缺氧死亡。

③当改用新配方饲料或转换投喂方式时，开始当天应减少投喂量，增加日投喂次数，让鱼有一个适应转变的过程。

④到年底，水温下降，鱼群常不浮出水面，这时就应适当调低投饲率，以适应环境的变化。

拉网、挑鱼、分箱、药物消毒等操作，应注意提前在当天停喂（操作完后第二天应减少一些投喂量）。如果在饱食后进行以上操作往往会出现死鱼事故。在饲养过程中，常会遇到病情。当发现有病情存在时，不管什么病，第一反应就应及时减少投饲量或停喂，以便随时配合消毒、喂药物饲料等治疗措施。

六、日常管理

1. 网箱检查

网箱在下水前应对网箱箱体进行认真细致的检查，发现网箱有破损漏洞应及时进行修补，杜绝黄颡鱼进入网箱后逃逸。检查网箱时要特别注意网箱的四边和四角。在网箱下水后，由于操作过程中船、竿等对网箱的摩擦，也有可能使网箱在安装过程中破损。因此，应在苗种放养前再进行一次检查。苗种放养后要勤作检查。检查时间最好是在傍晚或早晨。方法是将网箱的四角轻轻提起，仔细察看网底是否有破损的地方，特别要注意水面40~50厘米以下的网衣。水位变动剧烈时，如洪水期、枯水期，都要检查网箱的位置，并随时调整网箱的位置。

2. 鱼体生长情况检查与测定

利用网箱养殖黄颡鱼时，要结合每天的投喂情况，细心观察网箱中黄颡鱼的活动和摄食情况。对网箱中的黄颡鱼进行检查时，可以采用提起网衣的方法进行。对网箱中黄颡鱼检查的目的，一是检查病害，以便及时采取防治措施；二是为了观察黄颡鱼的生长情况，以便及时调整投饲措施。

一般每月进行 1 次，以测定网箱中黄颡鱼的生长速度情况、鱼群健康情况以及黄颡鱼对饲料的利用率等。通过定期检查鱼体，可掌握鱼类的生长情况，不仅为投饲提供了实际依据，也为产量估计提供了可靠的资料。同时，可及时分析存在的问题，确定下一阶段的投饲量、投饲次数以及防治鱼病的养殖管理措施。

3. 建立完整的生产记录

为每只网箱编号登记，记录鱼种放养量、生长情况、死亡率、饲料消耗、鱼群活动、鱼病防治与天气、水温变化等内容，以便发现问题及时解决，也有利于总结经验，指导今后的生产。每天巡视观察水色、水情，注意安全；洪汛时及时清除漂浮物，防止挂网、糊网，调整和加固缆绳（锚绳），防止网箱移位、倾覆等事故发生。遇特殊的意外情况（如水质恶变、风暴袭击等），要及时组织人力将网箱疏散到安全地点。做好防逃、防盗工作，经常检查网箱是否有鼠害或人为造成的破洞，一旦发现要及时修补。

4. 网箱清洗

网箱挂养一段时间后，常会被附生的藻类或低等无脊椎动物堵塞网目，加之有时有大量悬浮有机碎屑附着于网衣上，造成网箱通透性下降，内外对流不畅，致使箱内水质变差或者致使箱内鱼群缺氧等，造成鱼类生长不良，容易发病，饲料系数变大等问题。故此，经一段时间的饲养，网箱应及时换洗。

方法有两种：一是定期用洗干净、并经检查修补好的网箱替换受污网箱，保证网箱的通透性能；二是及时换大网目的网箱。当网箱内的鱼经一段时间的饲养，个体逐渐长大，这时就应及时调换一只网目较大的网箱，这样不仅可以减少网箱堵塞现象，相应延长换洗网箱的周期，同时也因新换入的网箱网目扩大，增大了网箱的通透性能，满足了箱内大规格鱼体所需要的更多新鲜水体。

换网箱时，先把原箱的四角沉子解掉，连箱内的鱼一起拉向一边，再把新箱挂上沉子，沉下水并套在原箱外面，挂靠在鱼排架上，再把原箱的鱼转入新箱中，并将旧箱拉上岸，以备冲洗。整个操作过程相当方便、快捷，但应当特别小心谨慎，尤其是小鱼苗、鱼种阶段换箱，更应注意不要夹伤鱼体或抽或使鱼苗、鱼种逃逸。

洗网箱一般是在岸上、水边，挂起或摊在水泥地上。洗网箱时，用高压喷水枪冲洗。清洗后要晾干，然后进行检查修补，再用饲料袋装好，做上记号，写上检查日期和检查人员，收藏在仓库里（老鼠进不去的），以备随时使用。当要使用时，从仓库里拿出后还需例行检查一遍，才能挂用。

第四节　捕捞与运输

一、捕捞方法

根据市场行情和鱼体生长情况，可适时起捕上市，尽可能发挥最佳经济效益。网箱养殖黄颡鱼一般从 8 月开始就可分批起捕销售。收获时不需特别捕捞工具，可一次捕捞上市，也可根据市场的需要，分期分批起捕，便于活鱼运输和储存，有利于市场调节，群众称它水上“活鱼体”。

网箱饲养黄颡鱼的捕捞方法较为简单，在需要捕捞时，只需将网箱的网衣从水中提起一部分，然后即可用抄网进行捕捞，捕捞的时间一般多在 10 月 1 日前后。在捕捞时，还可以按照市场的需求及价格，灵活掌握捕捞量和上市时间。没有达到上市规格的黄颡鱼，可以转入另一个空箱中继续饲养。

值得注意的是，在黄颡鱼出箱时，应尽量减少伤亡。如果起捕小批量的黄颡鱼上市，可将黄颡鱼捕起后，用小网箱暂养。这样操作方便、省力、省时，而且鱼体的损伤较小。

二、运输方法

与亲鱼运输基本一致，具体参考第二章第二节第二部分：亲鱼的运输。

第五章
鱼病防治

第一节　鱼病发生的原因

一、水环境影响

水环境对鱼类疾病影响是相当大的，很多鱼病都是因为水质不好、不适宜造成的。水体中的生物种类、种群密度、饵料、光照、水流、水温、盐度、溶氧量、氨氮、亚硝酸盐、酸碱度等，都能影响水生动物的生理状况和抗病力以及病原生物的生长、繁殖和传播。

二、病原侵害

养殖动物的病原种类很多，不同种类的病原、同一病原的不同生活时期，对宿主的侵害能力不同。病原对宿主产生危害的途径：

1. 夺取营养

病原以宿主体内已消化或者半消化的营养物质为食，有的寄生虫会直接吸食宿主血液或吸收宿主器官或组织内的营养物质，从而导致宿主贫血、瘦弱、抵抗力低下、生长发育迟缓甚至停止。

2. 机械损伤

有些寄生虫利用其身体器官损伤宿主组织，引起宿主组织发炎、充血、溃疡或细胞增生等症状。有的寄生虫增殖能引起宿主器官腔阻塞，进而导致器官机能下降或丧失。

3. 分泌有毒有害物质

有些寄生虫可以分泌某些物质溶解宿主组织，有些病原还会分泌毒性物质毒害宿主。

4. 损伤组织或细胞形态、结构、功能

部分病原会导致宿主细胞的正常代谢功能受阻，造成细胞解体等。有的会导致宿主组织结构发生变化，如改变毛细血管通透性、破坏肠道黏膜结构完整性等。

三、养殖对象抵抗力差

养殖对象对病原的敏感性有强有弱，遗传性质、免疫力、生理状态、年龄、营养条件、生活环境等都能影响养殖对象对病原的抵抗能力及敏感性。

第二节　预防方法

一、彻底清池消毒

清池包括彻底清除池底污泥和池塘消毒两个内容。养过鱼的老塘，池底污泥比较厚的，需要在养殖前尽量清除，既能减轻池塘负荷又能清除大量积聚在底泥中的有害病菌及孢子、寄生虫卵等。

清塘包括带水清塘和干法清塘两种。带水清塘可根据情况选择：①使用生石灰150千克/亩·米，②三氯异氰脲酸（30%有效氯）667克/亩·米，③漂白粉10千克/亩·米；干法清塘可使用生石灰75千克/亩·米或漂白粉5千克/亩·米。

二、保持良好水质

要适当肥水来培育良好的水色。水色反应的是水体藻类的组成情况。优良的水色，藻类丰富，藻类生长繁殖活跃，能够提供足量的溶氧，吸收水体过剩的营养盐，缓解富营养化对水质的危害。根据池塘情况，经常使用调水微生态产品或化学药物，维持水体的相对稳定，保证有一个适宜的水环境以利于养殖动物的正常生长。有条件的应定期适量换水，减轻水体载荷。

三、放养优质苗种

应选择体色正常、健壮活泼或经过抗病选育的优质苗种。放养苗种应不携带有严重危害性的病原生物。鱼种起捕及放养时，要细心操作，减少鱼体机械损伤。

根据池塘条件、养殖技术水平，合理放养。除了主养品种外，可以适当的搭配其他品种，既能提高经济效益，又能促进生态平衡，充分利用水体空间，减少饵料浪费，且对疾病的防控具有一定作用。

四、投喂优质饵料

优质是指饵料及其原料不能变质发霉，营养成分要全面，特别不能缺乏各种维生素和矿物质，对环境污染少。投喂的饵料量要适宜，每次投喂前要检查上次的饵料的吃食情况，宜少量多次。使用的天然饵料，投喂之前要使用3%的食盐水消毒3～5分钟。

五、日常精心管理

在养殖生产过程中，要勤巡塘，每天至少检查1~2次，以便及时发现可能引起疾病的各种不良因素，尽早采取措施改进，防患于未然。病死的鱼要及时捞出，深埋或销毁；在生病鱼塘使用过的工具要及时消毒后，才能用于其他池塘。消毒液可用浓度600毫克/升的漂白粉溶液，并用清水将工具冲洗干净；已发病的养殖动物在治愈前不能向其他池塘转移；换水时要检查水源质量；定期进行必要的消毒等日常预防措施；经常对养殖动物做详细的抽样解剖检查，了解鱼体的健康状况，发现病症应及时采取有效措施进行控制和治疗。

在养殖中，应尽量减少环境应激反应。常常由于人为原因，如水源污染、投饲技术与方法不正确，或者自然的原因如天气剧变、缺氧等，发生动物的应激反应。如果应激反应过于强烈且持续时间较长，养殖动物会因为能量消耗过大，身体抵抗力下降，从而容易受到病原的侵袭而引发疾病。

六、药物预防

水产动物在运输之前或运到之后，最好先用适当的药物杀灭其体表的病原，然后再放养。一般水温15℃以上时，可用15~20毫克/升浓度的高锰酸钾溶液浸泡15~20分钟。水温15℃以下时，可考虑用聚维酮碘等刺激性小的药物消毒。在养殖的发病季节来临之前，针对某种常发疾病投喂药饵或者全池泼洒药物进行预防。有条件的可以进行人工免疫。

有鳞鱼类和无鳞鱼类的药物毒性反应不同。在使用药物之前，一定要注意看使用说明，以免按照有鳞鱼类的用法用于无鳞鱼类发生人为药害，如甲苯咪唑可以用于青、草、鲢、鳙、鳜等有鳞鱼类，不能用于大口鲶、斑点叉尾鮰等无鳞鱼类；有些药物在水质情况不同时的使用方法也不同。用药需结合水质情况来灵活把握，如常用的生石灰，在水体 pH 值较高或氨氮含量较高时，是不宜使用的，否则可能造成养殖动物中毒以及鳃损伤等。

第三节 治疗方法

疾病的治疗是用药物消灭或抑制病原，或改善养殖动物的环境及营养条件。发生疾病以后要得到有效的治疗，必须掌握治疗时机。只要发现得早，并能及时适当地进行治疗，大多数疾病是可以治愈的。但是，如果不能尽早在疾病早期就发现，待养殖对象病情严重，开始出现大量死亡或者停止吃食时，用药则难以见效，即使一部分病情较轻者能恢复，病害造成的损失也会很大。

由于水产动物的疾病往往由多重因素相互作用造成，因此，在疾病诊断时，必须从横向和纵向分析病害发生的可能原因。在发生病害时，必须充分了解池塘甚至区域病害的流行发生情况；仔细了解病害发生前一段时间的天气、投饵、水质、用药情况；尽量捞取有典型病症的做活体解剖以观察症状，主要检查体表、鳃、肝胆、脾脏、肠道，观察各个器官有无异常表象。有条件的，应该做病原分离、鉴定和药敏试验等，以确诊和指导用药。鱼病治疗方法主要有以下几种：

一、挂袋（篓）

主要用于大面积水体的用药，即将药物挂袋于鱼类经常活动的食场周围，形成局部的药物高浓度区域，对鱼体进行消毒和治疗。主要药物为漂白粉、硫酸铜、生石灰等，可根据情况选择使用。

二、浴洗（浸洗）

在一定的容器内，配制高浓度的药物，用较短的时间，浸洗鱼体，从而达到杀灭病原体的目的。浸洗时间的长短，主要根据水温的高低和鱼体耐药程度而定。通常水温高时，药效快，毒性强，浸洗时间要短；病鱼体质较弱时，浸洗时间要短；使用毒副作用较大的药物浸洗时，不能随意延长浸洗时间。一般在药物安全范围内，浸洗时间越长，治疗效果越好。

浴洗治疗时，操作人员要随时观察鱼体的活动情况和对药物的反应，避免造成鱼体中毒和容器内缺氧等，并严格做到浸泡时间一致，避免因浸泡时间的差异而影响药效或造成药害。药物主要是高锰酸钾和碘制剂等。此方法主要针对网箱养殖。

三、泼洒

采用对鱼体安全、又有明显疗效的药物溶水稀释后，均匀地遍洒于养殖水体中，以杀灭鱼体和水体中的病原体。为了保证疗效，应准确测量池水量，从而保证使用正确的浓度。在养殖管理上，要采取必要的措施以确保治疗效果。

四、内服

将治疗药物加黏合剂拌和在饲料中投喂，现拌现喂。

将药物拌入饲料后，加黏合剂加工成药物颗粒饲料投喂，用于常规预防和辅助治疗。

五、注射

肌肉或腹腔、胸腔注射，各种细菌性疾病可采取此方法治疗，一般在成鱼疾病治疗中使用较多。

六、涂抹

此法只在注射催产剂及亲鱼检查时使用，有副作用小、使用安全、方便，用药量少的优点。方法是用较浓的药液涂抹鱼体表面患病的地方，以杀灭鱼体的病原体。涂抹时应注意将鱼头持向上方，防止药液流入鱼鳃造成危害。

第四节　黄颡鱼“全雄1号”常见疾病与防治

一、红头病

1. 病原

为迟缓爱德华氏菌或鮰爱德华氏菌，通常认为是经伤口及口感染，全国各地都有发生。水温20℃即可流行，晚春至秋季均有发生，特别流行于夏季（刘韩文等，2010）。

2. 主要症状

主要表现为发病初期，病鱼离群独游，反应迟钝，食欲下降，远离投料区。背鳍基部、头顶中间一小块部位发白，病鱼头朝上尾朝下，或在水面呈间歇性螺旋状转悠。病鱼腹部膨大，鳍条基部、口腔、下颌、鳃盖、眼眶充血，头顶正中部位皮下发红，严重时头盖骨裂开，在头顶部出现一条狭长的溃烂出血带，呈现典型的红头病症状（图5.1和图5.2）。解剖腹腔，内有少量血水或透明腹水，肝脏颜色较淡，大多呈土黄色，有点状或块状出血，胆肿大呈紫黑色。胃、肠道发白，肠内无食。值得注意的是，发生在苗种阶段的黄颡鱼红头病，通常会有车轮虫、斜管虫、半眉虫等纤毛虫类的并发感染，所以在进行诊断时一定要全面，不能漏诊。

3. 预防方法

①调控水质，适当放养部分鲢鳙鱼，定期使用EM菌、光合细菌、生石灰调节改善水质，培育稳定的藻相和水色；②合理控制寄生虫，在4月、5

图 5.1　红头病

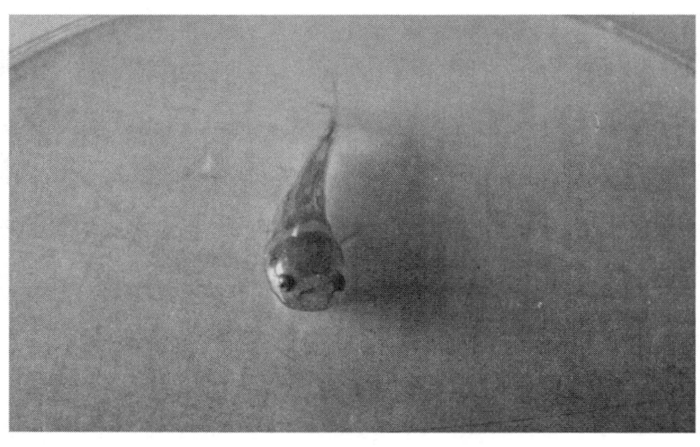

图 5.2　鱼种红头病

月和 9 月每月使用一次车轮净，杀灭寄生虫，1 ~ 2 天后使用杀菌药物进行水体消毒，防止细菌的感染；③定期在饲料投饵区消毒。在疾病流行季节，每 10 天使用一次对水体影响较小的碘制剂等消毒剂。如果水色变淡或浑浊，需用藻类营养剂调节水色，尤其6月的梅雨季节，保持藻相的稳定是防病的关键；④增加溶解氧，在病害流行季节适当增加开机的时间；⑤发病季节，可适当在饲料中拌加强力霉素，每千克饲料0.5克，连续投喂3~5天进行预防；⑥每天巡塘，特别在投饵时要仔细观察，及时发现及时治疗；⑦苗种下塘前，使用“爱德华氏菌类毒素灭活疫苗”浸泡。每隔半个月定期使用洁水灵（主要成分：过一硫酸氢钾，下同）2亩/袋调节底质，每半个月内服3天内解毒抗菌药做保健；⑧应激宁3型（主要成分：维生素B_2、维生素K_3、烟酰胺、姜黄、刺五加等，下同）150克+三黄克菌素（主要成分：黄芩、黄柏、大黄等，下同）200克拌30千克饲料投喂。

4. *治疗方法*

①一有发现，马上进行药物治疗。首先全池泼洒聚维酮碘等碘制剂0.5克/米^3；同时内服复方新诺明，每千克饲料拌1克。第一天加倍，连续投喂5天。②镜检是否有纤毛虫，如有则用杀虫药。饲料中添加多维（维生素K_3粉）+三黄散+芳草纤灭+青莲散+芳草菌尼+复方强力霉素+地锦草。每天1次，连喂5天。③先用硫酸铜+硫酸亚铁0.7克/米^3（5:2）杀虫。第二天用0.3克/米^{3}浓度的二氧化氯来进行水体消毒杀菌，同时在饲料中添加抗生素，投喂14~19天。抗生素的种类经药敏实验确定，一般可用盐酸土霉素、四环素、氟苯尼考、氨苄青霉素、恩诺沙星、磺胺类等，添加量按说明。④用“红点一泼灵”兑水全池泼洒。此药物渗透性和裂口愈合性极强。同时用“氟苯尼考”+“维生素C”拌料投喂。⑤用“头孢拉定”+“左旋氧氟沙星”拌料投喂。同时用“菌毒清”泼洒。⑥第1天：使用“洁水灵”+净水解毒剂（主要成分：3%腐殖酸钠）3亩/套，同时停食；第2天：“复合碘”2亩/瓶全池泼洒（连用2天）并继续停食；第3~7天内服“10%恩诺沙星”100克+“三黄克菌素”200克+“应激宁3型”150克，拌20千克饲料。拌药期间饲料量为正常量的70%~80%。⑦每3亩水体全池泼洒“三

黄散”（主要成分：黄芩、黄柏、大黄与大青叶，下同）500 克 + “盛典”（含活性碘 1.8% ~2.0% ，磷酸 16.0% ~18.0% ，下同）1 瓶；内服“鱼瘟速停”（含 10% 氟苯尼考粉，下同） + “克菌威”（含 10% 盐酸多西环素粉，下同）100 克 + “板黄散”（含板蓝根、大黄，下同）200 克，拌 20 千克饲料，连服 3 ~5 天。

二、肠炎

1. 病原

为点状产气单胞杆菌（现称豚鼠气单胞菌）。患病由环境中的病菌侵入机体、或经带病鱼直接传播、或经带病原菌的饵料引起。鱼种及成鱼均可感染，流行高峰在水温 25 ~30℃。

2. 主要症状

表现为病鱼离群靠近岸边独游，游动缓慢，食欲减退，以至完全不吃食。疾病早期，剖开鱼的肠管，可见肠壁和食道局部充血发炎，肠腔内没有食物，或只在肠的后段有少量食物，肠内黏液较多；疾病后期可见全肠、食道、胃呈红色，肠壁的弹性差，肠内只有淡黄色黏液，血脓充塞肠管（图 5.3）。腹水是肠炎的一种症状（图 5.4），严重时更有腹部膨大、肛门红肿。轻压腹部，肛门有黄色黏液流出。疾病早期，肠上皮呈炎性水肿。

3. 防治方法

①将漂白粉（含有效氯 30%）溶于水，滤掉残渣（下同），全池遍洒。用量为 1.05 克/米^3。②优氯净（含有效氯 56%）全池遍洒。用量为 0.53 克/米^3。③全池遍洒五倍子汁（先磨碎后用开水浸泡）。用量为 2.02 克/米^3。④定期在饲料中拌喂 0.1% 的鲜大蒜汁或大蒜素粉（300 ~400 毫克/千克饲料，35% 的大蒜素粉）。⑤饲料拌喂三黄散、白头翁散、新霉素类药物等（使用

图 5.3　鱼种肠炎病

图 5.4　鱼苗腹水

量以所购药物说明书或执业兽医师推荐用量为准）。⑥按照说明拌料内服神农“红肠肝肾康”3～4 天。第一天外泼神农二氧化氯消毒，第二天用神农高碘消毒。⑦内服肠炎灵、腹水消，外用消毒药。⑧每半个月停食一天。

三、出血性水肿

1. 病原

为细菌性。病原鱼常由于水体带菌，或因捕捞操作时挂伤鱼体，运输刺伤，寄生虫侵袭受损体表等引发细菌感染而发病，常于盛夏或严冬季节爆发，对苗种和成鱼皆可造成危害，尤其在苗种培育中发生，死亡率可达80%。

2. 主要症状

病鱼体表泛黄、黏液增多、咽部皮肤破损充血呈圆形孔洞（图5.5）；腹部膨大、肛门红肿、外翻；头部充血、背鳍肿大、胸鳍与腹鳍基部充血、鳍条溃烂，甚至胸鳍至腹鳍纵裂，胆汁外渗（图5.6）。腹腔淤积大量血水或黄色冻胶状物，胃、肠内无食，胃苍白，肠内充满黄色液体，肝脏土黄色，脾坏死，肾脏上有霉黑点。有时可见病鱼在水体中不停旋转，不久即死。

3. 防治方法

①注意水质情况，保持良好的池塘条件，池水溶氧量保持在5毫克/升以上，更换1/2的水体。②适当降低鱼苗放养密度。③日常定期用生石灰10～15千克/亩·米全池泼洒，调节水质。④用强氯精0.25～0.3克/米^3（具体用量以所购的药物的说明书为准）水体消毒，每天1次，连续3天。⑤在投喂的饲料中每千克饲料添加0.6～0.7克四环素，每天一次，连续3天。⑥在饲料中添加环丙沙星、新诺明、大蒜素等药物中的一种（用量见所购药物说明），每千克饲料配以食盐10克，连喂1周。⑦使用复合碘溶液500毫升/5亩或硫醚沙星500克升/3亩全池泼洒；内服“鱼瘟速停”1包+“均克”（主要成分：磺胺嘧啶、甲氧苄啶）2包+“克菌威”1包+“板黄散”1包，拌30千克饲料，连续内服5～7日。

图 5.5　出血性水肿腹裂

图 5.6　出血性水肿

四、细菌性败血症

1. 病原

嗜水气单胞菌、温和气单胞菌、鲁克氏耶尔森氏菌等多种病原菌，以前者为主。此外豚鼠气单胞菌、凡隆气单胞菌、简达气单胞菌等也有一定的致病性。嗜水气单胞菌，革兰氏染色阴性，菌体杆状，能运动，极端单鞭毛，无芽孢无荚膜。鱼种和成鱼均可感染此病。流行时间为3—11月，高峰期常为5—9月。水温9～36℃均有流行，25～30℃最为流行。发病严重时，死亡率可达50%以上。主要是水质恶化，鱼体体质及抵抗力下降，以及寄生虫感染造成损伤而继发细菌感染引起。

2. 主要症状（图5.7）

急性感染时，病鱼上下颌、口腔、鳃盖、眼睛、鳍基及身体两侧轻度充血，肠内无食或末端少食，肠道有轻度炎症和积液。严重时出现体表严重充血及内出血，甚至肌肉也充血呈红色；眼球突出，眼眶周围充血；肛门红肿，腹部膨大，腹腔内积有淡黄色透明腹水，或红色混浊腹水；肝、脾、肾及胆囊充血、出血、肿大，肝细胞与胰脏细胞变性坏死；肠系膜、肠壁充血，肠内无食物，有的出现肠腔积水或气泡。病情严重的鱼厌食或不吃食，静止不动或发生阵发性乱游、乱窜，有的在池边摩擦，最后衰竭死亡。急性发病的，发病急速，来势凶猛，病鱼游动缓慢，常在发病1～2天后即暴发大批死亡现象，呈出血性败血症状，体表充血、肛门红肿；也有的未出现明显症状即已死亡。亚急性的，病鱼的症状以腹水为多。发病相对缓慢，死亡数量时多时少，无明显的死亡高峰。

3. 预防方法

①清除过厚的淤泥是预防本病的主要方法。冬季干塘彻底清淤，并用生

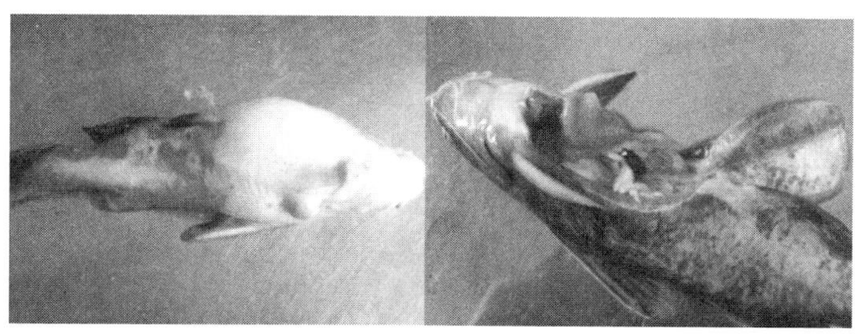

图 5.7　细菌性败血症

石灰或漂白粉彻底消毒，以改善水体生态环境。②发病鱼池用过的工具要进行消毒，病死鱼要及时捞出深埋而不能到处乱扔。③鱼种尽量就地培育，减少搬运，并注意下塘前要进行鱼体消毒。④鱼种在下塘前注射或浸泡嗜水气单胞菌疫苗，按照产品说明书使用。⑤加强日常饲养管理，正确掌握投饲技术，不投喂变质饲料，提高鱼体抗病力。⑥流行季节，用浓度为 25 ~ 30 毫克/升的生石灰化浆全池泼洒，每半月 1 次，以调节水质；经常全池泼洒微生态制剂，以改善池塘水质；食场定期用漂白粉、漂白粉精等进行消毒。⑦内服三黄粉预防。

4. 治疗方法

取病鱼镜检，确认是否有寄生虫病害。若有，则需先杀虫，根据情况可选择菊酯类、阿维菌素、敌百虫、硫酸铜等杀虫药物，具体用量先做预实验后再确定。①氯制剂消毒，如漂白粉 1 克/米^3 或者漂白粉精（有效氯 60% ~ 65%）0.3 ~ 0.5 克/米^3，全池泼洒；也可以使用强氯精、二氧化氯。②大黄，一次量 2.5 ~ 3.7 克/米^3。先将大黄用 20 倍重量的氨水浸泡提效后，再连水带渣全池泼洒。流行季节，15 天 1 次。③氟苯尼考或甲砜霉素，一次量每千克鱼体重使用 15 ~ 20 毫克药物，拌饲投喂。每天一次，连用 5 ~ 7 天。④复方新诺明，一次量每千克鱼体重使用 50 毫克药物，拌饲投喂。每天一次，连用 5 ~ 7 天，首次加倍用量。⑤庆大霉素，一次量每千克鱼体重使用 10 ~ 30 毫克药物，拌饲投喂。每天一次，连用 3 ~ 5 天为一个疗程，连用 2 个疗程。也可以选择使用恩诺沙星、诺氟沙星等（汪开毓等，2008）。

五、车轮虫与斜管虫病

1 病原

为斜管虫和车轮虫（图 5.8），二者常为一起发生。主要危害鱼苗、鱼种，流行于 5—8 月。水质不良、放养密度大、连续绵雨、水温 18 ~ 28℃时最易发生。

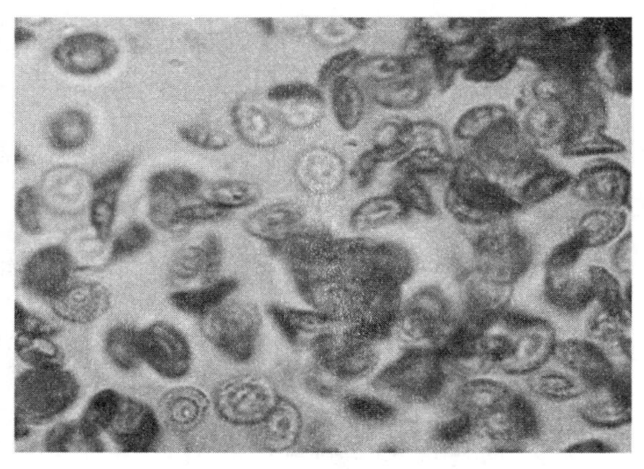

图 5.8 车轮虫

2. 主要症状

鱼体的鳃和皮肤被大量虫体寄生。斜管虫多寄生于鳃边缘或缝隙里，也侵袭体表皮肤，致使病鱼分泌大量黏液，体表形成苍白色或淡蓝色黏液层。病鱼离群头朝下、尾朝上，倒栽于水面或侧卧于水下，呼吸困难，不久即死。寄生于体表的车轮虫较大，而鳃上的较小。严重感染时，病鱼沿塘边狂游，呈“跑马”现象，体表有时出现一层白翳。

3. 防治方法

①清塘时要彻底。②病发时，用0.7克/米^{3}的硫酸铜、硫酸亚铁合剂（5:2）遍洒。③用5~8毫克/升的硫酸铜浸洗鱼体20~30分钟，注意鱼体的反应。④全池泼洒20~30毫升/米^{3}甲醛（汪开毓等，2008）。

六、黏孢子虫病

1. 病原

引起黄颡鱼黏孢子虫病的病原体有很多种，其主要特征是它的孢子由原生质特化的两块大小和厚度基本一致的壳片套合而成。孢子里面含有极囊和孢质两部分。因种的不同，极囊的数目不等。每个极囊里面有一根螺旋状盘卷着的极丝。全国都有流行，5—6月对黄颡鱼危害较大，黄颡鱼饲养初期常因发生此病而导致大量死亡。

2. 主要症状

①黏孢子虫（图5.9）引起的皮肤病：常见种为野鲤碘泡虫、单极虫、中华尾孢虫等。病鱼皮肤上形成灰白色点状或瘤状胞囊。随着病情的发展，胞囊数量越来越多，皮肤被破坏，病鱼负担越来越重，影响游动和摄食，最终鱼体日渐消瘦死亡。②黏孢子虫引起的鳃病：病原常见种类有球孢虫、异形碘泡虫、巨间碘泡虫、变异黏体虫以及前面引起皮肤病的黏孢子虫等。表现为当营养体在鳃表皮不断生长形成许多灰白色的点状或瘤状胞囊，鳃组织被破坏，呼吸功能受损；而营养体还会渗透散布于鳃丝组织细胞内、甚至侵入微血管造成更大的危害。患此病的黄颡鱼呼吸困难，常外鳃盖张开，游动无力，浮于水面，最后因窒息死亡。③黏孢子虫引起的黄颡鱼肠道及其他内脏器官病：病鱼被多种黏孢子虫寄生，体色发黑，游动无力，常在池塘水体

中上层活动，食欲减退。在患病后期，病鱼基本停食，最后消瘦死亡。

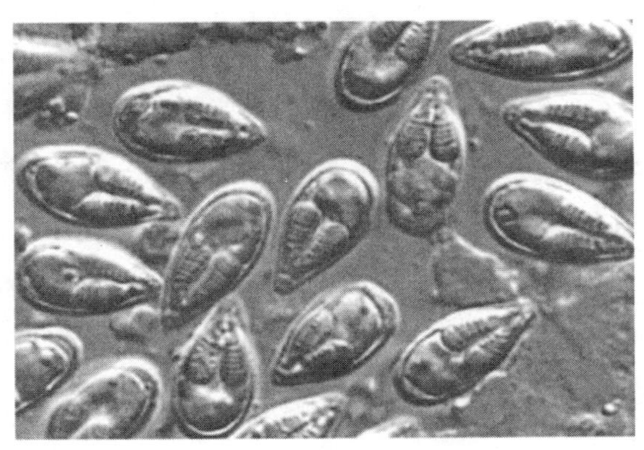

图 5.9　黏孢子虫

3. 防治方法

①黄颡鱼鱼苗进池前用生石灰彻底清塘消毒，杀灭池塘的卵囊和孢子。②及时捞起死鱼深埋，禁止随意乱丢。使用过的工具要注意消毒。③黄颡鱼患肠道孢子虫病时，可用口服盐酸左旋咪唑。每天用量为 4 ~ 8 毫克/千克鱼体重，每天 1 ~ 2 次，每 3 天一个疗程。盐酸环氯胍，第一天用量 100 毫克/千克鱼体重，第二天用 30 ~ 40 毫克/千克鱼体重进行防治。④用 0.2 ~ 0.3 毫克/升晶体敌百虫全池泼洒，隔天再进行一次，连续 3 次（使用敌百虫前先拿若干尾鱼做预实验，以免用药不当造成事故）。

七、小瓜虫病

1. 病原

多指小瓜虫（图 5.10）。幼虫个体较小，一般呈长卵形，前尖后钝。身体前端有一个乳头状的突起，身体近前端有一个近似耳形的胞口，有一个球

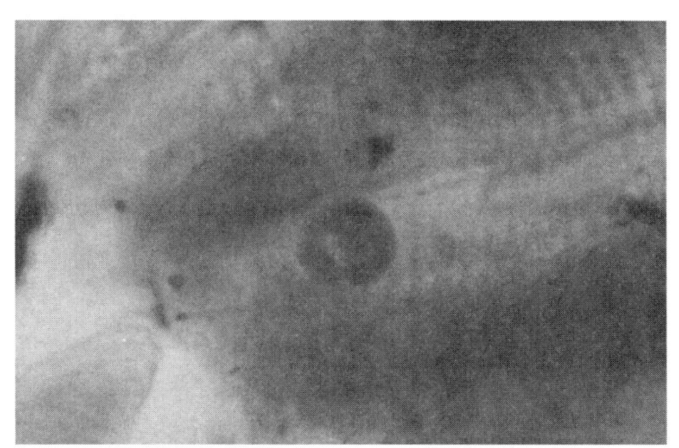
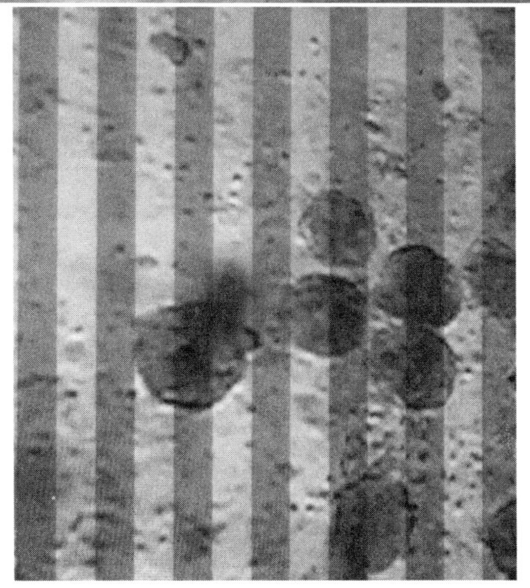

图 5.10　小瓜虫

形的小核和圆形、或椭圆形、或短棒形的大核；成虫为球形，全身长着均匀的纤毛。前段或近前段的胞口近圆形。大核呈香肠状或马蹄形，小核和大核紧贴一起。小瓜虫对鱼的侵害，既不限定于哪一种鱼，也不限定幼鱼或成鱼。

此病在养殖密度大时，发生和流行十分严重。水温 15～25℃时流行，水温低于 10℃或者上升到 26～28℃时，小瓜虫的发育停止。28℃时幼虫极易死亡，故该病的流行具有极强的季节性。长江流域 3—5 月为流行季节，6—7 月病情减少，8—10 月又是流行季节，11 月至翌年 2 月自然情况下不会发生（刘韩文、雷传松，2010）。

2. 主要症状

幼虫侵入鱼体皮肤或鳃的表皮组织后，引起黄颡鱼的组织增生，形成脓包。在鳃瓣上引起增生的同时，还产生大量的黏液。严重感染时，黄颡鱼的皮肤、鳍条、口须上的脓包表现为许多小白点，即所谓“白点病”。鱼体表黏液增多，病鱼食欲下降，鱼体消瘦，并常在池底或草丛中来回游动，挤擦身体，表现的极为不安。镜检可见体表、鳃丝、鳍条上有很多小瓜虫寄生。

3. 防治方法

①用生石灰彻底清塘，杀灭池塘中的野杂鱼，合理放养，以免密度过大加大传播。②用福尔马林 60～80 毫克/升浸泡病鱼 10～18 分钟（视水温高低灵活掌握），隔天再浸泡一次，再转池饲养。原池用福尔马林彻底消毒。此法只在初期有效，如果发现晚了，鱼体身上遍布小白点，即使连续用药，损失也很大。③福尔马林 15～20 克/米^3 全池泼洒，隔天一次，连续 2～3 次。④用干辣椒粉和生姜合剂，每立方水体分别用 1.5 克和 1 克，加水煮沸 30 分钟后全池泼洒。每天 1 次，连续 2～3 天。

八、水霉病

1. 病原

常见的有水霉（图 5.11）和棉霉等属，为水霉科真菌。其菌丝的一端像根状，着生于鱼的皮肤上和皮肤组织里。其余大部分呈灰白色像棉花纤维，游离于体表，称为外菌丝。一年四季可发病，以水温为13～18℃的早春和晚冬最为流行。此病对宿主没有严格的选择性，成鱼和鱼苗都会感染；鱼体在各种因素导致外伤性损伤的情况下易发，特别是水质条件不好时更易发生（黄琪炎，2005）。

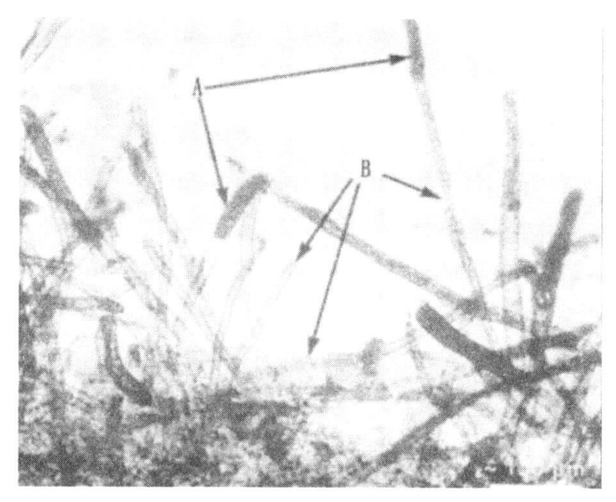

图5.11　水霉菌

2. 主要症状（图5.12）

初期肉眼看不出症状，看得见症状的时候，菌丝已经在皮肤的表面形成棉毛状的菌丝，并导致伤口区域组织坏死，难以愈合，并刺激鱼体大量分泌黏液。病鱼游动失常、食欲减退、焦躁不安、瘦弱直至死亡。

3. 防治方法

①黄颡鱼鱼苗进池前用生石灰清塘，可减少此病的发生。②在捕捞、搬运和放养黄颡鱼的过程中避免鱼体受伤，这是重要的预防措施之一。③黄颡鱼的鱼苗进池前，用2%～3%的食盐水浸泡鱼体15分钟，或用恩诺沙星

图 5.12 水霉病

2 克/米^{3}浸洗鱼体，以减少此病的发生。④四烷基季铵盐络合碘 0.3～0.5 毫升/米^3 或漂白粉 2～4 克/米^3 或生石灰 5 克/米^3 全池泼洒。每天 1 次，连用 2～3 天。⑤8%的二氧化氯，0.5 克/米^3 全池泼洒。每天 1 次，连用 2 天。

九、烂鳃病

1. 病因

主要为柱状屈桡杆菌，嗜水气单胞菌、爱德华菌也可以引发。成鱼和鱼种均可感染，每年的 4—6 月为高发季节，严重的可导致鱼大量死亡。

2. 主要症状（图 5.13）

病鱼体色发黑，离群独游，游动迟缓，少食或不吃食。体表无其他症状，检查可见鳃丝腐烂、并分泌大量黏液。病重时鳃丝上面附着大量污物。产生的原因有：由寄生虫导致的鳃丝受损、继发细菌感染引起，由鳃霉等真菌初始感染后继发细菌感染引起，还有就是由于水体环境恶化，应激导致鳃丝持续肿胀充血。

图 5.13 烂鳃病

3. 防治方法

①做好清塘工作，鱼种放养时用2% ~3%食盐水浸洗5分钟。②治疗时以外消为主，使用溴氯海因0.3~0.4克/米^{3}或等量三氯异氰尿酸全池泼洒，或二氧化氯0.12~0.15克/米^3，连续2~3次均可治愈。③由虫害导致的烂鳃，需要先杀虫，之后按照前述方法消毒，再可以配合内服鱼复宁、大蒜素、鱼血停，按0.2%的比例拌饲投喂3~6天。④每100千克饲料添加土霉素20~30克、氟哌酸16~20克，连喂3~5天。外用药选择杀菌消毒灵（0.2毫克/升）和009速康（2毫克/升），连用2次。

十、气泡病

1. 病因

水中某种气体过饱和，都可能引起气泡病，越小的个体越敏感。

2. 症状（图 5.14 和图 5.15）

鱼苗最初感觉不舒服，在水面做混乱无力的游动，之后在体内及体表出现气泡。气泡不大时，鱼可以反抗浮力向水下游动，但表现为身体已失去平衡。随着气泡的增大，鱼失去自由游动能力而浮在水面。在显微镜下观察，可见鳃、鳍及血管或腹腔内有大量气泡，引起栓塞而死。

图 5.14　鱼苗气泡病

3. 防治方法

①注意水源。将池水充分暴气，池中的腐殖质不应过多，不用未经发酵的肥料。②平时掌握投饲量及施肥量，注意水质，不应使浮游植物过度繁殖。③水温相差不要过大。④进水管要及时维修，北方冰封期应在冰上打一些洞。⑤当发现气泡病时，应立即加注溶解气体在饱和度以下的清水，同时排除部分池水。⑥开启增氧机，将气体曝入空气中，或者全池泼洒表面活性剂药物，促进水体和空气的气体交换。根据情况适量使用微生态制剂。

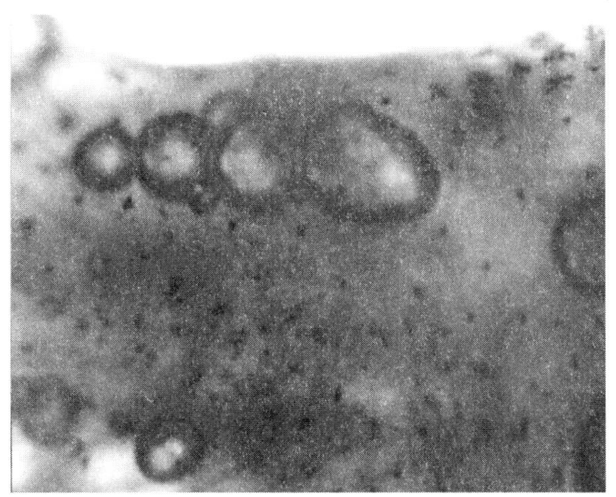

图 5.15　鱼尾部气泡（利洋药店供图）

十一、营养性疾病

1. 病因

饲料的蛋白质不足、过多或所含必需氨基酸不完全、配比不合理、碳水化合物不足或过多、脂肪不足或变质、维生素缺乏或矿物质缺乏等。

2. 主要症状

不同原因所引起的营养不良疾病在症状上有一定的差异，如维生素、色氨酸、磷缺乏可引起脊柱弯曲；饲料中碳水化合物含量过高，则引起肝脏脂肪浸润，大量积聚肝糖，肝肿大，色泽变淡，死亡率增加；脂肪氧化变质或维生素 E 缺乏时，会导致背部肌肉坏死、萎缩，出现“背瘦”症；维生素 B_6 缺乏时，可引起痉挛、腹腔积水、眼球突出；胆碱缺乏可引起食欲不振、生长减慢，肝、胰脏的脂肪增加并引起脂肪肝；维生素 A 缺乏，食欲显著下降，吸收和同化作用被破坏，色素减退引起皮肤颜色变浅（图 5.16），生长缓慢

（战文斌，2004）。

图 5.16　“香蕉鱼”（澳华供图）

3. 防治方法

改进饲料配方，提高饲料质量，适当增加维生素、矿物质、必需氨基酸的量；正确保管饲料，防止脂肪氧化是预防该类疾病的有效途径；适时冲水，刺激鱼类运动；定期换水，改善鱼类的生存环境，也能有效的防治营养性疾病。

第五节　其他病害处理

一、浮头、泛池

1. 病因

由于养殖密度过大、投喂施肥较多、长期未换水或气候变化等多种原因导致。另外，鱼类和浮游生物、底栖动物、好气性细菌等呼吸时都需要氧气。同时，它们的排泄物和残饵及其他有机物质的分解，也要消耗大量的氧气，这样就容易造成水中溶氧量不足而导致浮头或泛池。

还有一种原因是我们平时不太注意的，就是因夏季水温较高，遇到暴雨和降温，使表层水温急剧下降，温度低的水比重较大会下沉，而下层水因温度高比重小而上浮，形成上下水层的急速对流。上层溶氧量高的水下沉后，即被下层水中的有机物消耗。下层低溶氧量的水升到上层后，溶解氧得不到及时补充，使整个水体上下层的溶氧量都大为减少，从而引起鱼类缺氧浮头。

2. 主要症状

鱼被迫浮于水面，头朝上努力将嘴伸出水面吞咽空气，这种现象称为浮头。此时，若水体缺氧不严重，遇到惊动，鱼会立即潜入水中；若水体缺氧严重，鱼体受惊也不会下沉。当水中溶氧量降至不能满足鱼的最低生理需要量时，就会造成泛池，鱼和其他水生动物就会因窒息而死。经常浮头的鱼会产生下颌皮肤突出的畸形。泛池将会给渔业生产造成毁灭性的损失，所以日常管理中应防止浮头和泛池。

3. 预防方法

①冬季清塘时，挖掉过多的淤泥，使池底保持淤泥20～30厘米。②合理投放鱼种。③加强饲养管理，科学投饵施肥，及时清除残渣碎屑。④施肥一定要发酵，以量少次多为原则，视天气、水质等情况控制施肥。⑤在闷热的夏天和初秋，加强巡塘，经常加注新水，适当减少投饵施肥。

4. 治疗方法

①及时加注新水。进水要平放，防止放陡水冲起淤泥。②开动增氧机。③施化学增氧剂“鱼浮灵”，每亩用量2～5千克。局部干撒，保持50×10^{-6}浓度，施药后不能冲水和搅动水面。④没有新水源，可用水泵原池冲水，让

水形成一股较长的水流曝气，达到增氧效果。⑤每亩用生石灰15～25千克，化水全池泼洒，但不要与人粪尿、氮、磷肥混用。⑥每亩用黄土10千克，水调糊状，加食盐10千克或加腐熟的尿50千克，搅匀后全池泼洒。⑦每亩水深1米，用生石膏粉2.5～3.5千克化水全池泼洒。⑧每亩用明矾1.5～2.5千克，最多5千克，化水全池泼洒。⑨可用增氧机等方式，增加水中溶氧。⑩必要时，可将池鱼转塘。

二、氨氮、亚硝酸盐中毒

1. 病因

亚硝酸盐中毒多发生在养殖密度大的鱼池。因为在高密度、高产量、高投喂饲料量的情况下，已大大地超出了水体本身的自净能力，导致了亚硝酸盐大量的积累。池水中氨氮（特别是分子氨）和亚硝酸盐浓度过高，会影响血液中的载氧能力，造成鱼类呼吸困难、窒息死亡。

2. 主要症状

亚硝酸盐偏高，在鱼体上主要体现为慢性中毒，导致鱼体食欲下降，抢食力不强，病鱼鳃丝发紫。解剖后可见肝、肾、脾等均呈紫褐色，血液发暗。氨氮超标容易造成急性中毒，特别是pH值特别高的情况下。

3. 预防方法

①清除池中过多淤泥，使池底保持淤泥20～30厘米。②养殖季节，定期泼洒生石灰，定期向池中投放光合细菌等微生态制剂。③越冬前，大换池水一次，并泼洒生石灰和消毒剂，进行水质处理。④越冬期间的高产池塘，最好每天都要开增氧机增氧，搅动池水。⑤在突然大幅度降温时，一定要预防该病发生，应采取加水或开增氧机等措施。

4. 治疗方法

①开动增氧机曝气。②用"亚硝速降"全池泼洒。③将池水换掉1/3以

上，采用理化措施降解水中的氨氮和亚硝酸盐。④在饲料中添加维生素C。由于维生素C是强氧化剂，能将高铁血红蛋白还原成铁血红蛋白，因此能在短期内快速解毒。⑤用食盐25克/米^{3}全池泼洒。

三、藻毒素中毒

1. 病因

养殖池中某种藻类大量繁殖死亡后，释放有毒物质，导致鱼体中毒，主要包括蓝藻类、金藻类和甲藻类。淡水水体中蓝藻毒素很多，主要包括作用于肝的肝毒素，作用于神经系统的神经毒素和位于蓝藻细胞壁外层的内毒素。一般把内毒素与脂多糖视为同一物质。

2. 主要症状

长期暴露于藻毒素的鱼类会受到危害，主要以肝脏为靶器官，可在器官内富集。比如，研究发现，藻毒素主要以结合蛋白形式在牙汉鱼的肝脏和肠等组织中快速累积，随后虽可通过这些组织被消化，但也会使这些组织受到损伤（FLAVIA B，2013）。鱼类藻毒素中毒后，具体表现为集群活动减少、游动迟缓，常常留在靠近水面的地方；鱼类摄食藻毒素后，可导致生长减缓（隗黎丽，2010）。

另外，由于微囊藻毒素的化学性质十分稳定，能耐高温（达300℃），耐酸碱。因此，泡茶和烹饪对其影响甚微（Zhang et al. ,2010）。这也意味，在自来水中或进入水产品中的毒素，大部分将通过饮水或食物链途径危害消费者的健康。长期的慢性，暴露将带来不容忽视的健康风险（Xie et al. , 2005；谢平，2006）。

3. 治疗方法

蓝藻毒素在细胞内产生。活的蓝藻向细胞外分泌毒素的量很少。只有当蓝藻死后才将毒素释放出来。因此，需在蓝藻生长时，去除蓝藻。除去蓝藻的方法主要是采用杀藻，剂控制其生长或采用絮凝剂使蓝藻沉积。当蓝藻裂解或采用杀藻剂使蓝藻毒素释放到水中时，会使水中毒素含量超过健康标准。因此，需要及时采取措施，降低水中毒素含量。去除蓝藻毒素的方法有活性炭吸附、化学降解（如臭氧、高铁酸盐、硝酸镧、紫外线等处理）及微生物降解等。

出现死鱼事件，建议采用：①换水：前提是保证加注的水源无蓝藻类、金藻类和甲藻类等种源，以防二次中毒的发生。②用水质保护解毒剂净化水质。③培藻肥水，使有益藻类生长。

第六章
黄颡鱼“全雄1号”养殖实例

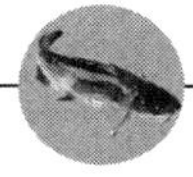

第一节　黄颡鱼“全雄1号”苗种培育

一、主养黄颡鱼池塘套养中华鳖（2011年江西新干县）

1. 池塘条件

养殖池塘位于新干县金川镇鱼塘，面积10亩、水深1.5～2米，基地交通方便，拥有丰富的水面资源，水质清新，无污染，进排水方便，拥有独立的进排水系统，底质为泥沙，厚度不超过15厘米。

池塘准备：池塘在放苗前用生石灰50～75千克/亩溶水化浆全池泼洒，并在阳光下暴晒7天，一星期后进水80～100厘米，用80目网布过滤。进水3～4天后，按150～200千克/亩施用发酵的有机肥以培育天然饵料，供黄颡鱼摄食。用砖块或黑色的钙塑板，沿池塘四周围成高50～60厘米的防逃墙，以防甲鱼逃逸。在距池塘岸边1.5米处，用竹竿固定一个食台，供黄颡鱼摄食。在10亩鱼塘内安装1台3千瓦叶轮式增氧机。在池塘的中间用竹箔搭成晒台，供甲鱼晒背。

2. 苗种放养

于2010年4月25日在10亩池塘内放养规格为80~100尾/千克黄颡鱼8 000~10 000尾/亩，于2010年6月15日放养中华鳖250只/亩，规格150~200克/只。为了改善水质，同时在池塘中放养尾重50克鲢鳙鱼种30~40尾。鱼种下塘前用3%~5%的食盐水浸洗消毒5~10分钟，以杀灭体表细菌和寄生虫。

3. 养殖管理

黄颡鱼是杂食性、以动物饲料为主的鱼类，可采取鲜活的动物性饵料，如小鱼、小虾、螺蚌肉等，也可采用粗蛋白为41%的膨化料投喂。开口饵料直径为2毫米，成品料粒径为5毫米以上。4—5月按黄颡鱼体重的3%投喂，6—8月，投饵率按照鱼体重的6%~8%投喂。随着温度的升高、投饵量增加，中华鳖除用一部分粉状饲料外，其余全部采用冰鲜鱼投喂。由于黄颡鱼昼伏夜出的习惯，在每天18：00－19：00时投喂量约占全天投喂量的60%~70%。每次投喂量以1小时内吃完为宜，具体根据天气、水温、鱼的吃食情况，定时、定量、定质、定点投喂。高温时节，定时开动增氧机。随着水温的下降，9月后的投饵量逐渐减少。

4. 水质调节

黄颡鱼对水质要求较高，pH值保持在6.0~9.0，最适pH值7.0~8.5，水中溶氧在4毫克/升以上时均能正常生长。每10~15天换水一次，定期使用生石灰20~40千克/亩化水全池泼洒。4—5月水位保持在80~100厘米，水位逐渐保持在1.5~2米，每隔3~5天加水一次，抽取池中老水2/3，再加水恢复到原池水位。定期用沸石粉、EM菌改善调节水质。养殖后期，每隔

10～15天，用微生态制剂和底质改良剂调节水质，保持池水透明度30～40厘米，降低池塘中的氨氮、亚硝酸盐、硫化氢含量，以保证黄颡鱼、中华鳖的生长。

5. 病害防治

在黄颡鱼和甲鱼的养殖过程中，坚持“预防为主、防重于治”的方针，养殖过程中，定期在饲料中添加40%的大蒜素、1%的多维、三黄粉等，以增强黄颡鱼和甲鱼的体质。每隔7～10天用10%的二氧化氯、聚维酮碘化水全池泼洒，杀菌消毒。

6. 结果分析

从2010年10月开始销售，大部分养殖的黄颡鱼规格达到75～100克以上，开始捕大留小，分批上市。截至12月，共销售黄颡鱼116 900元，黄颡鱼成本27 430元。中华鳖2010年6月15日放养，截至2011年4月25日，平均规格达到0.65千克/只。共收获中华鳖1 600千克，收入128 600元，中华鳖成本26 500元。除去饲料、人工工资、水电费、鱼药、塘租等，每亩纯收入8 867元。经过养殖试验证明：黄颡鱼、中华鳖池塘混养技术是切实可行的。根据黄颡鱼、中华鳖的生物学习性，尽量满足两者生长的适宜条件。在养殖过程中，减少其病害的发生，平时加强水质的调控，提高池塘的亩产量，合理安排销售时机，可以创造出最佳的经济效益。

本模式利用了鱼鳖生态位互补优势，充分利用水体空间，减少池塘生态系统的能量损失，提高池塘养鱼的综合经济效益。以黄颡鱼为主的鱼鳖混养，既克服了温室养鳖所生产的商品鳖外观与品质较差的缺陷，又可通过提高黄颡鱼养殖的成活率，减少病害发生，提高饲料利用效率而达到提高黄颡鱼的亩产量及养殖经济效益的目的。黄颡鱼与中华鳖的混养模式在浙江、湖北、江苏等地区较为普遍。

二、池塘主养黄颡鱼（2014 年湖北仙桃市）

湖北省仙桃市五湖渔场养殖户蔡老板，2013 年 6 月初从武汉百瑞生物技术有限公司购买的“全雄 1 号”黄颡鱼水花，除了自己培育寸片鱼种出售外，还进行商品成鱼养殖（图 6.1）。其中一个塘的商品成鱼养殖情况如下：

池塘面积 9 亩，水深 1.8 米，池塘配置 3 台增氧机，7 月投 1 600 ~ 2 000 尾/千克的寸片黄颡鱼“全雄 1 号”，投苗密度为 2.5 万尾/亩，采用轮捕的方式分 3 批起捕，起捕的规格在 75 ~ 100 克/尾，出鱼均价 22 元/千克。养殖至 2014 年 7 月全部出售完毕，累计总产 14 557.5 千克，亩产为 1 617.5 千克，饵料系数约为 1.3。其投入产出数据见表 6.1。

表 6.1　投入产出数据情况

内容 \ 项目	鱼种	饲料	塘租水电及人工渔药等	产出
数量	225 000 尾	18.92 吨	——	14 557.5 千克
价格	0.12 元/尾	8 000 元/吨	——	22.0 元/千克
金额	27 000 元	151 360 元	17 469 元	320 265 元

注：总投入：27 000 + 151 360 + 17 469 = 195 829 元

毛利润：320 265 − 195 829 = 124 436 元

亩产值：320 265 元 ÷ 9 = 35 585 元/亩

亩利润：124 436 元 ÷ 9 = 13 826.2 元/亩

上述数据中，寸片鱼种以市场价格计算。由于鱼种是自己培育的，若不以市场价格计算鱼种成本，则其亩利润还能再多出 2 000 多元。2013 年养殖到 9 月时，因为持续高温，导致水质恶化，发生过较重的红头病，损失了一部分鱼种。但至出售完成，最终的养殖成活率仍然达到了 76%。其每千克鱼的养殖成本约为 13.46 元；养殖一年即出售，亩利润超过 13 000 元，养殖投资收益率达到了63.5%，不仅周期短、而且效益也相当可观。

图6.1 仙桃市五湖渔场主养黄颡鱼“全雄1号”

三、池塘主养黄颡鱼（2013年湖北鄂州市）

湖北鄂州市华容区蒲团乡上倪村季老板，2012年7月从武汉百瑞生物有限公司二级苗种场鄂州新天地渔业有限公司购买黄颡鱼“全雄1号”夏花苗，精养商品成鱼，情况如下：

池塘面积8亩，水深2.2米，水源来源于该地区的五四湖，配备2台1.5千瓦的叶轮增氧机，7月26日购进4厘米的夏花苗种12万尾，合1.5万尾/亩。养殖期内经常使用水质改良剂保持水质良好。日投喂三次，吃食高峰期，每天晚上21：30时增加一次，选用浙江湖州协鑫黄颡鱼膨化料。每月拌服保肝护胆中药两次。高温期间每十天换水一次，每次30厘米。晴天中午增氧2小时，晚上24：00时开始增氧至早晨7：00时。采取分两批起捕的方式出鱼，起捕的鱼规格平均在100克/尾，价格平均24.8元/千克，2013年5月30日全部卖完，饵料系数约为1.21。其投入产出数据见表6.2。

表 6.2　投入产出数据

项目／内容	鱼种	饲料	塘租水电及人工渔药等	产出
数量	120 000 尾	10.5 吨	——	8 660 千克
价格	0.15 元/尾	8 400 元/吨	——	24.8 元/千克
金额	18 000 元	88 200 元	19 160 元	214 768 元

注：总投入：18 000 + 88 200 + 19 160 = 125 360 元

毛利润：214 768 − 125 360 = 89 408 元

亩产值：214 768 ÷ 8 = 26 846 元/亩

亩利润：89 408 ÷ 8 = 11 176 元/亩

由于在投苗时操作不当，放塘后损失了部分苗种，但按照平均规格 100 克/尾计算，最终的养殖成活率依然有约 72%。出鱼规格均匀整齐，饵料系数低。每千克鱼的成本约在 14.48 元。整个养殖周期不到一年，亩利润超过 11 000 元，养殖投资收益率达到 71.3%，效益非常可观。

同样在该村还有养殖户夏老板 12 亩塘，倪老板 18 亩塘等，连续两年在百瑞公司二级苗种场购买黄颡鱼“全雄 1 号”夏花苗养殖成鱼，亩收入都在 8 000 元左右，养殖效果良好。

四、池塘主养黄颡鱼（2014 年浙江湖州）

全雄黄颡鱼在浙江湖州推广这几年，反映平平，毁誉参半。对于全雄苗，市场上是众说纷纭，负面反映集中在以下三个方面：①全雄苗存在生长障碍，养成大规格后就只吃不长，饲料系数高；②苗种品质不佳，很多企业或个人掺假，以普通黄颡鱼充全雄黄颡鱼；③苗种价格过高，是普通黄颡鱼苗的 5 倍左右。其实，事实并非如此。

通威公司一直致力于为养殖户们寻找优质种苗，特与武汉百瑞生物技术有限公司联系，于2013年6月在湖州地区引进“全雄1号”黄颡鱼水花300万尾。崔建本（苏州通威忠实客户）乐于尝试新品种、新理念，通过服务部引导，二话没说，就在当地率先养殖黄颡鱼“全雄1号”。

2013年6月崔建本自己培育幼苗，于2014年4月10日在一口13亩的鱼塘养殖黄颡鱼“全雄1号”，并大获成功。在黄颡鱼鱼价低迷，其他养殖户还在为保本发愁的时候，崔建本13亩塘鱼塘赚到了95 700元，亩利润高达7 361元（表6.3）。

崔建本为什么能大获成功呢？好的苗种当然是一方面，但精细的管理和服务部优质的服务也功不可没。苏州通威服务部将崔建本定为重点示范户，每月定期地为其测亚硝酸盐、氨氮、pH值，科学指导其用通威动保产品进行水质调节。每月将鱼送通威技术中心进行病害检测，长期监测，降低发病率。同时，按通威“365模式”中的均衡增氧模式，为其配备纳米底增氧、涌浪机等先进增氧设备。通过合理搭配使用，池塘溶氧条件一直较好。另外崔建本管理精细，非常用心。据其介绍，每天投喂饲料前都先仔细观察，鱼吃多少喂多少，最多投喂到8成饱，饲料很少有浪费。

表6.3 养殖情况数据

放养时间	出鱼时间	放苗数量/规格	苗种价格
2014年4月10日	2014年10月31日	20万尾全雄苗，40尾/斤；1万尾白鱼，40尾/斤	2013年6月的全雄水花30万尾，180元/万尾，6成成活。白鱼苗6元/斤
塘口面积	鱼体规格	塘口价	出鱼总重量
13亩	鱼头4.5两/尾、白鱼0.7斤/尾	黄颡鱼9.2元/斤、白鱼7元/斤	黄颡鱼3万斤（死亡3 000斤）、白鱼7 000斤
单亩产量	全塘利润	全程投喂总量	饲料系数
3 076斤	95 700元	1 040包	1.2

第二节　网箱养殖实例

一、水库小体积网箱养殖黄颡鱼（2009 年江西万安）

1. 网箱设置

网箱采用聚乙烯线编织而成，规格为 2 米 ×2 米 ×1.5 米，敞口型网箱。网目 1.5 厘米。设置方式为框架浮动式。网箱安置选择在水质条件良好、水深 4 米以上、具有微流水、避风、向阳、水面宽阔的库湾。试验网箱一共 10 只，呈“一”字型排列。网箱在鱼种进箱前一周下水，使网箱着生藻类，以减轻鱼种入箱后的损伤。

2. 鱼种放养

黄颡鱼苗种放养规格为 10 厘米/尾左右，放养鱼种规格整齐，体质健壮，无病无伤。于 2009 年 3 月 20 日入箱，放养密度 350 尾/米^2。放养时在早晨 6：00—8：00 时进行。鱼种放养前先用 3% 的食盐水浸泡 10 分钟。

3. 饵料及其投喂

主要投喂人工配合饵料。配合饵料蛋白质含量 38% ~42%。投喂时加水制成软颗粒饲料投喂。鱼种进箱后，停止投饵 3 ~4 天，以便鱼类适应网箱环境，让鱼处于饥饿状态便于驯食。4 天后，将少量配合饲料加水制成软颗粒饲料投放到食台上诱鱼摄食，日投喂 3 次，每次投喂量不宜太多，使鱼长期处于半饥饿状态。一般 10 天后就可以养成黄颡鱼上食台摄食的习惯。驯化成功后，就进入正常饲养阶段。每天上、下午各投饵 1 次。日投饵量一般为箱内鱼体重的 3% ~5%。投饵应坚持“四定”原则，即“定时、定位、定质、定量”的原则。黄颡鱼有夜间觅食的习性，故下午投喂量应适当多些，投喂时间应尽量晚些，最好在傍晚。

4. 网箱管理

网箱必须有专人管理，坚持每天早、中、晚三次巡箱检查，观察鱼情、水情，发现问题，及时处理。每10天左右要清洗网箱1次，特别是洪水过后要立即清洗，除去杂物与附着过多的藻类，保持网箱内外水体交换畅通。同时做好防偷盗、防破坏工作。

5. 鱼病防治

在网箱养殖黄颡鱼的养殖过程中，只要加强管理、注意防病，一般很少发生鱼病。应做好水质调控、预防为主的防病工作。网箱下水前用生石灰或漂白粉溶液浸泡处理，并提前7～10天下水，让藻类附生，以免鱼种进箱后损伤体表皮肤。鱼种进箱前先进行消毒，用3%～5%的食盐溶液浸泡15～20分钟。平时有死伤的鱼要随见随捞，防止污染和交叉感染。每隔15～20天，每箱用生石灰3千克化水泼洒箱体及近旁水域，每天一次，连续3天。每天必须清除残饵、洗刷食台并晾晒，食台周围要定期用生石灰水泼洒消毒，以增加鱼体的摄食和减少鱼病的发生。饲养期间发生车轮虫病、口丝虫病和舌杯虫病时，每升水用高锰酸钾2毫克或硫酸铜7.5毫克配成溶液后医治；若发生细菌性肠炎，可用大蒜素药饵投喂，连续一周即可治愈；若发生烂皮病，可用氟苯尼考拌饵投喂，连续7天即可治愈。

6. 养殖效果

本试验11月19日验收，经245天的饲养，10只网箱共产黄颡鱼3 832千克，每平方米产鱼95.8千克，成活率为89%。总投入62 056元，总产值为103 464元，纯收入为41 408元，投入产出比为1∶1.67。

二、水库网箱养殖黄颡鱼（2014年广西南宁）

2013年，广西区南宁市百瑞盈科技有限公司从武汉百瑞生物技术有限公司购进黄颡鱼“全雄1号”卵黄苗715万尾，养至夏花（规格约2 400尾/千克）平均存活率54.3%，最高存活率84.8%。

网箱养殖，夏花经10～12个月养至成鱼（100克/尾、50千克/米^2），存活率达80%，利润500元/米^2（图6.2）。

图6.2　广西百瑞盈科技有限公司网箱养殖

参考文献

蔡焰值，黄永涛．2002. 黄颡鱼的人工养殖技术讲座——第四讲黄颡鱼的生物学特性（下）[J]．渔业致富指南，10：43－44.

杜金瑞．1963. 梁子湖黄颡鱼的繁殖和食性的研究 [J]，动物学杂志，02：74－77.

付佩胜，郑玉珍，朱永安，等．2003. 黄颡鱼的生物学特性与养殖技术 [J]，齐鲁渔业，20（8）：15－18.

顾成柏．2010. 鲆鲽类循环水健康养殖技术研究 [D]．泰安：山东农业大学．

洪云汉，周暾．1984. 鲍科九种鱼的核型研究 [J]．动物学研究，5（3）：21－28.

黄钧，陈琴，陈意明，等．2001. 黄颡鱼含肉率及营养价值研究 [J]，广西农业生物科学，20（1）：45－50.

黄琪炎．2005. 淡水鱼病防治实用技术大全 [M]．北京：中国农业出版社．

隗黎丽．2010. 微囊藻毒素对鱼类的毒性效应 [J]．生态学报，30（12）：3 304－3 310.

凌俊秀．1982. 八种鱼的染色体组型的研究 [J]．自然科学版，2（2）：109－112.

刘景祯，刘丙阳，徐世谦，等．2000. 黄颡鱼仔鱼摄食习性研究 [J]．水利渔业，20（1）：20－21.

刘寒文，白遗胜，万建业，等．2008. 循环水人工繁育鳜鱼实验 [J]．水产养殖，02：14－15.

刘寒文，雷传松．2010. 黄颡鱼健康养殖实用新技术 [M]．北京：海洋出版社．

毛慧玲，葛欣琦，刘佳丽，等．2012. 鄱阳湖黄颡鱼染色体核型分析及进化地位探讨 [J]．江西农业大学学报，34（6）：1 222－1 225.

农业部渔业渔政管理局．中国渔业统计年鉴（2004—2013）[M]．北京：中国农业出版社．

庞秋香，张士璀，王长法，等．2004. 雌雄文昌鱼同工酶的表型差异 [J]．动物学报，50（1）：62－67.

沈俊宝，范兆延，王国瑞．1983. 黄颡鱼的核型研究 [J]．遗传，1983，5（2）：23－24.

田华，陈延奎，陈丽慧，等．2013. 黄颡鱼“全雄 1 号”鱼苗池塘培育技术研究 [J]．科学养鱼，（3）：10－12.

唐德文，范红深，段春生，等．2014. 黄颡鱼“全雄 1 号”与黄颡鱼饲养效果对比分析 [J]．

淡水渔业，44（1）：102－105.
汪开毓，肖丹．2008．鱼类疾病诊疗原色图谱［M］．北京：中国农业出版社．
王武，边文翼，余卫忠，等．2005．江黄颡鱼的仔稚鱼发育及行为生态学［J］．水产学报，29（4）：487－495.
王志强，庞守忠．2009．黄颡鱼仔稚鱼发育和摄食习性研究．江苏农业科学，6：311－313.
肖秀兰，欧阳敏，张明，等．2002．鄱阳湖水系黄颡鱼若干生物学特性的研究［J］．江西农业学报，14（4）：18－22.
肖调义，章怀云，王晓清，等．2003．洞庭湖黄颡鱼生物学特性［J］．动物学杂志，38（5）：83－88.
徐继松．2012．日本鳗鲡和美洲鳗鲡循环水养殖技术的研究［D］．厦门：集美大学．
薛淑群，尹洪滨．2006．黄颡染色体组型的初步分析［J］．水产学杂志，19（1）：11－13.
谢平．2006．水生动物体内的微囊藻毒素及其对人类健康的潜在威胁．北京：科学出版社．
章晓炜，汪雯翰，郑聪．2002．黄颡鱼仔鱼食性及生长的研究［J］．水产科学，21（3）：13－15.
张家海，朱恩华，曾庆祥，等．2010．循环水系统孵化斑点叉尾鮰鱼卵实验［J］．渔业致富指南，12：51－52.
张饮江，孙飞，陆永汉，等．2007．闭合循环水工艺在褐点石斑鱼苗培育的应用研究［J］．渔业现代化，1：4－8.
战文斌．2004．水产动物病害学［M］．北京：中国农业出版社．
A. M. Kelly. 2004. 6 Broodfish management［J］. Development in Aquaculture and Fisheries Science, 34：129－144.
C. I. M. Martins, M. G. Pistrin, S. S. W. Ende, et al., 2009. The accumulation of substances in Recirculating Aquaculture Systems（RAS）affects embryonic and larval development in common carp Cyprinus carpio［J］. Aquaculture, 291（1－2）：65－73.
C. I. M. Martins, E. H. Eding, M. C. J. Verdegen, et al., 2010. New developments in recirculating aquaculture systems in Europe：A perspective on environmental sustainability［J］. Aquculture Engineering, 43（3）：83－93.
D. Wang, H.－L. Mao, H.－X. Chen, et al., 2009. Isolation of Y－and X－Linked SCAR mark-

ers in yellow catfish and application in the production of all – male populations [J]. Animal Cenetics, 40: 978 –981.

FLAVIA B, VIRGINIA AB, CARLOS ML. 2013. Accumulation and biochemical dfmts of microcystin – LR oil the Patagonian peierrey (Odontesthes hatcheri) fed withthetoxic cyanobacteria Microcystis aemginosa [J] . Fish Physiology and Biochemistry, 39 (5): 1 309 – 1 321.

G. K. Iwama, P. A. 1994. Ackerman, Anesthetics [J] . Biochemistry and Molecular Biology of Fishes, 3: 1 – 15.

Hanqin Liu, Bo Guan, Jiang Xu, et al. , 2012. Genetic manipulation of sex ratio for the large – scale breeding of YY super – male and XY all – male yellow catfish (Pelteobagrus fulvidraco (Richardson)) . Mar Biotechnol.

J. P. 2000. Blancheton, Developments in recirculation systems for Mediterranean fish species [J]. Aquaculture Engineerin, 22 (1 –2): 17 –31.

K. M. Carter, C. M. Woodley, R. S. Brown. 2011. A review of tricaine methanesulfonate for anesthesia of fish. Rev Fish Biol Fisheries, 21: 51 –59.

Xie LQ, Xie P, Guo LG, et al. , 2005. Organ distribution and bioaccumulation of microcystins infreshwater fishes with different trophic levels from the eutrophic Lake Chaohu, China. Environ Toxicol. 20: 293 –300.

Zhang DW, Xie P, Chen J. 2010. Effects oftemperature on the stability of microcystins in muscle of fish and itsconsequences for food safety. Bull Environ Contam Toxicol, 84: 202 –207.